近代物理实验

（第2版）

陈云琳　编著

北京交通大学出版社
·北京·

内 容 简 介

本书是在北京交通大学出版的第 1 版《近代物理实验》的基础上，结合新实验项目的建设和教学实践编写的。本书包括分子与原子物理实验、X 射线衍射实验、磁共振实验、微波实验、微弱信号测量技术实验、近代光学实验、超声成像实验、现代光谱实验、真空技术与镀膜实验、核磁共振实验和半导体实验，共 24 个实验，其中有些涉及现代应用物理学的前沿，可满足不同层次的应用物理学专业类实验教学的要求。

本书着重阐述了每个实验的基本原理和实验方法，简明扼要地介绍了实验装置和实验要求，实验内容注重培养学生的分析能力和创新能力，以及实验技能的提高。

本书可作为高等学校应用物理专业本科和研究生现代物理实验的教材或相关专业本科和研究生的教学参考书。

图书在版编目（CIP）数据

近代物理实验 / 陈云琳编著. — 2 版. — 北京：北京交通大学出版社，2019.6
ISBN 978-7-5121-3940-4

Ⅰ . ① 近… Ⅱ . ① 陈… Ⅲ . ① 物理学–实验–高等学校–教材 Ⅳ . ① O41–33

中国版本图书馆 CIP 数据核字（2019）第 114301 号

近代物理实验
JINDAI WULI SHIYAN

责任编辑：龙嫚嫚
出版发行：北京交通大学出版社　　　　　　电话：010-51686414　　http://www.bjtup.com.cn
地　　址：北京市海淀区高梁桥斜街 44 号　　邮编：100044
印　刷　者：三河市华骏印务包装有限公司
经　　销：全国新华书店
开　　本：185 mm×260 mm　　印张：10.75　　字数：268 千字
版　　次：2019 年 6 月第 2 版　　2019 年 6 月第 1 次印刷
书　　号：ISBN 978-7-5121-3940-4/O · 176
定　　价：32.00 元

本书如有质量问题，请向北京交通大学出版社质监组反映。对您的意见和批评，我们表示欢迎和感谢。
投诉电话：010-51686043，51686008；传真：010-62225406；E-mail：press@bjtu.edu.cn。

前 言

　　为了面向 21 世纪教学改革的需要，编者近年来积极进行实验教学的改革，推进近代物理实验教学的现代化建设。为了适应实验技术本身的飞速发展及仪器设备的更新换代，在原有近代物理实验讲义的基础上，引进了一些先进的实验仪器和设备，同时考虑与科研创新开发的结合，进行了近代物理实验教材的建设，更新了教学内容。通过这些实验的训练，进一步培养和提高学生的动手能力、分析能力和创新能力。

　　本书是近年来北京交通大学近代物理实验课程建设的总结，体现了近代物理实验教学人员的聪明才智和力量，参加本书编写工作的老师有陈云琳、刘依真、杨婧、闫君、朱亚彬，感谢各位编者对本书出版的支持及付出的辛勤劳动；也感谢多年来使用前一版《近代物理实验》教材的师生为此书提出的宝贵意见；感谢北京交通大学教务处领导和理学院及物理系领导的支持和帮助；在编写过程中曾参阅了兄弟院校的近代物理实验教材，在此一并致谢。

　　本书共收入 11 个领域 24 个实验，可满足不同层次的应用物理类及光电工程专业实验教学要求，符合北京交通大学本科和物理专业研究生近代物理实验教学大纲的要求。本书可作为高等学校应用物理专业本科生及研究生实验教学用书，也可供相关专业的师生参考。

　　由于编者水平有限，且编写时间紧迫，书中难免有错误和不妥之处，敬请使用本书的教师、学生和各位读者批评指出。

编　者

2018 年 5 月

目　录

第 **1** 部 分

误差分析与数据处理

1.1 测量误差与不确定度

1.1.1 测量误差定义和表示

实验测量得到的是测量值，测量值因受到测量环境、方法、仪器及观测者等因素影响而偏离真值。所谓真值是指在所有测量不完善性完全排除的理想条件下得到的测量值。由于这种完善的条件无法达到，因此真值无法确定。实践中采用的是约定真值。例如，仪器校验中，把高一级标准器的测量值作为低一级仪器的约定真值。

绝对误差 δ、测量值 x、真值 μ 之间的关系为：$\delta = x - \mu$。其单位是测量值的单位。

相对误差 $= \dfrac{\delta}{\mu} \times 100\%$。相对误差为比值，为量纲一的量。

1.1.2 误差的分类

误差可分为：系统误差和随机误差。

1. 系统误差

在一定条件下，对同一被测量进行多次测量时，保持恒定或以预知方式变化的测量误差称为系统误差。系统误差来源于测量仪器、环境因素、测量方法及测量者生理特性，其出现的原因往往可以查明并设法避免。无法避免的系统误差可以估计出误差范围或对其进行修正。

2. 随机误差

在一定条件下，对同一被测量进行多次测量时，以不可预知的随机方式变化的测量误差称为随机误差，这种误差大小和正负都没有规律。随机误差来源于许多不可控因素，如环境的无规则变化、仪器性能的微小波动、测量者感官分辨本领的限制等。这种误差的单次测量无必然规律，但是多次重复测量时表现出统计规律。通过多次测量可以减小随机误差并用统计方法估算其大小。

表达测量误差的大小通常有两个术语：精密度（precision）和准确度（accuracy）。

精密度用来描述重复测量的离散程度，它反映随机误差的大小，精密度高则离散小，重复性好。

准确度用来描述测量结果与被测真值之间的一致程度，它反映系统误差与随机误差的综合结果。准确度越高则测量值越接近真值。

1.1.3 测量不确定度

1. 不确定度的概念

不确定度是描述测量结果的一个参数，用于表征被测量值的分散性。不确定度是指由于误差的存在，使得被测量值不能确定的程度。它表征了被测真值所处量值的范围。

误差是一个理想的概念，一般不能准确知道，因此实验数据处理只能求出实验的最佳估计值及其不确定度：

$$测量值 = 最佳估计值 \pm 不确定度$$

实验中，消除了已知误差后仍然存在着随机误差和未知的系统误差，此时测量结果的算术平均值 $\bar{x}$ 即为最佳估计值。用公式表示为：$\bar{x} = \dfrac{1}{n}\sum_i x_i (i = 1, 2, 3, \cdots, n)$，$x_i$ 为第 i 次测量的结果，也称作随机变量，n 表示测量的总次数。

2. 不确定度的分量

不确定度的分量分为 A、B 两类。

A 类不确定度是由统计分析方法评定的不确定度分量，用测量值的算术平均值 $\bar{x}$ 的标准差 $S_{\bar{x}}$ 表征。

公式为：$S_{\bar{x}} = \sqrt{\dfrac{1}{n(n-1)}\sum(x_i - \bar{x})^2}$，其自由度 $\nu = n - 1$。有兴趣的同学可参考本部分最后小结的推导。

B 类不确定度是由其他方法评定的不确定度分量，用 $u(x)$ 表示。通常用正态分布来计算。

公式为：$u(x) = \dfrac{引用的不确定度}{置信概率因子}$。其自由度 $\nu \approx \dfrac{1}{2}\left[\dfrac{\Delta u(x)}{u(x)}\right]^{-2}$。

引用的不确定度的置信概率为 90%，95%，99% 时，对应的置信概率因子分别为 1.64，1.96，2.58。B 类不确定度的测度通常要依靠厂商的技术指标、检定证书或其他证书的数据等确定。

例如：标准证书给出 10 g 的砝码为 $10.000\,322 \pm 129\ \mu g$，置信概率为 99%，则该砝码的标准不确定度可取为 $u = 129\ \mu g / 2.58 = 50\ \mu g$。

1.2 随机变量的概率分布

1.2.1 几个相关概念

1. 概率（概率密度）函数 $p(x)$

在一定条件下进行 N 次实验，其中事件 A 发生了 N_A 次，则把事件 A 发生的概率函数定义为

$$p(x) = \lim_{N \to \infty} \frac{N_A}{N}$$

随机变量有两种取值方式：① 离散型，如放射源辐射的粒子数等；② 连续型，如长度等。对于连续型随机变量，通常称 $p(x)$ 为概率密度函数，用来表示事件发生在 $x \sim x+\mathrm{d}x$ 范围内的概率。

概率函数和概率密度函数满足归一化条件，即

$$\sum p_i = 1 \text{；} \quad \int_{-\infty}^{+\infty} p(x)\mathrm{d}x = 1$$

2. 分布函数 $P(x)$

分布函数的物理意义是：随机变量 X 取值不大于 x 的概率。

对于离散型随机变量

$$P(x) = \sum_{-\infty}^{x} p(x)$$

对于连续型随机变量

$$P(x) = \int_{-\infty}^{x} p(x)\mathrm{d}x$$

　　思考：如何理解 $P(-\infty)$ 和 $P(+\infty)$ 的意义，其取值分别为多少？

1.2.2　概率分布的数学特征量

1. 随机变量的期望值

期望值的物理意义是做无穷多次重复测量得到的测量结果的平均值。

用数学语言可以如下描述。如果离散型随机变量 X 的值取为 x_i 的概率函数是 p_i，其期望值 $E(X)$ 定义为

$$E(X) = \sum p_i x_i$$

对于连续型随机变量，用概率密度函数 $p(x)$ 代替 p_i，期望值定义为

$$E(X) = \int x p(x)\mathrm{d}x$$

根据归一化条件 $\sum p_i = 1$ 和 $\int_{-\infty}^{+\infty} p(x)\mathrm{d}x = 1$，对以上定义式进行变形即可明确期望值的物理意义。

$$\sum [x_i - E(X)]p_i = 0 \text{，} \quad \int_{-\infty}^{+\infty} [x - E(X)]p(x)\mathrm{d}x = 0$$

2. 随机变量的方差

方差的物理意义在于衡量样本波动的大小，即随机变量围绕期望值分布的离散程度。随机变量 x 的方差通常用 $V(X)$ 表示，定义为

$$V(X) = E\{[X - E(X)]^2\}$$

对于具有概率密度函数为 $p(x)$ 的随机变量，上式可化为

$$V(X) = \int_{-\infty}^{+\infty} [x - E(X)]^2 p(x)\mathrm{d}x = E(X^2) - [E(X)]^2$$

方差的正平方根称为标准差，也是用来描述样本波动大小的物理量。

1.2.3 常见的概率分布函数

1. 二项式分布

若随机事件 A 发生的概率为 P，则不发生的概率为 $(1-P)$。现在讨论在 N 次独立试验中事件 A 发生 k 次的概率。显然 k 是一个离散型随机变量，可能取值为 $0,1,\cdots,N$。对于这样一个随机事件，可导出其概率函数为

$$p(k) = \frac{N!}{k!(N-k)!} P^k (1-P)^{(N-k)} \tag{1-1}$$

因子 $N!/[k!(N-k)!]$ 表示 N 次试验中事件 A 发生 k 次的所有组合数。令 $Q=1-P$，则这个概率表示可以看作是二项式展开，即

$$(P+Q)^N = \sum_{k=0}^{N} \frac{N!}{k!(N-k)!} P^k Q^{N-k}$$

中的项。因此式（1-1）所表示的概率分布称为二项式分布。

二项式分布中有两个独立的参量 N 和 P，故往往又把式（1-1）中左边概率函数的记号写作 $p(k;N,P)$。随机变量 k 的期望值和方差分别为

$$E(k) = \sum_{k=0}^{N} k \frac{N!}{k!(N-k)!} P^k (1-P)^{N-k} = NP \tag{1-2}$$

$$V(k) = E(k^2) - [E(k)]^2 = E(k^2) - N^2 P^2$$
$$= \sum k^2 \frac{N!}{k!(N-k)!} P^k (1-P)^{N-k} - N^2 P^2 \tag{1-3}$$
$$= NP(1-P)$$

二项式分布有许多实际应用。例如，穿过仪器的 N 个粒子被仪器探测到 k 个的概率，N 个放射核经过一段时间后衰变成 k 个的概率，产品监测或民意测验中抽样试验合乎某种条件的概率，等等。

2. 泊松分布

在二项式分布中，若 $N \to \infty$，则每次试验中事件 A 发生的概率 $P \to 0$，但期望值 $E(k) = NP$ 有可能趋于有限值 λ。在这种情况下的概率分布称为泊松分布。

由二项式分布的概率函数式（1-1）可知，当 $N \to \infty$ 时，

$$\lim_{N \to \infty} \frac{N!}{(N-k)!} = \lim_{N \to \infty} [N(N-1)(N-2)\cdots(N-k+2)(N-k+1)] = N^k$$

$$\lim_{N \to \infty} N^k P^k = \lim_{N \to \infty} (NP)^k = \lambda^k , \quad \lim_{N \to \infty} (1-P)^{N-k} = \lim_{N \to \infty} (1-NP) = \mathrm{e}^{-\lambda}$$

可得到

$$p(k) = \frac{m^k}{k!} \mathrm{e}^{-m}$$

注意到 $P \to 0$ 时，$NP \to \lambda$，利用式（1-2）和式（1-3）得到泊松分布的随机变量 k 的期望值和方差

$$E(k) = NP = \lambda$$

$$V(k) = NP(1-P) = \lambda$$

实践中，放射性物质在一定时间间隔内的衰变数，一定时间间隔内计数器记录的粒子数，高能荷电粒子在某固定长度路径上的碰撞次数等都遵从泊松分布。

3. 均匀分布

若连续型随机变量 x 在区间 $[a,b]$ 上取值恒定不变，则这种分布称为均匀分布。均匀分布的概率密度函数为

$$p(x) = \begin{cases} \dfrac{1}{b-a}, & a < x < b \\ 0, & x \leq a \text{或} x \geq b \end{cases}$$

均匀分布的期望值和方差分别为

$$E(x) = \frac{1}{2}(a+b)$$

$$V(x) = \frac{1}{12}(b-a)^2$$

实践中，数字式仪表末位 ±1 量化误差，机械传动齿轮的回差，数值计算中凑整的舍入等都遵从均匀分布。

4. 正态分布（高斯分布）

正态分布是实际应用中最重要的概率分布类型。其概率密度函数为

$$p(x) = \frac{1}{\sigma\sqrt{2\pi}} \exp\left[-\frac{1}{2}\left(\frac{x-\mu}{\sigma}\right)^2\right]$$

式中：x 是连续型随机变量；μ 和 σ 是分布参数，且 $\sigma > 0$。为了体现其特征，用 $n(x;\mu,\sigma^2)$ 表示正态分布的概率密度函数，用 $N(x;\mu,\sigma^2)$ 表示正态分布的分布函数

$$n(x;\mu,\sigma^2) = \frac{1}{\sigma\sqrt{2\pi}} \exp\left[-\frac{1}{2}\left(\frac{x-\mu}{\sigma}\right)^2\right]$$

$$N(x;\mu,\sigma^2) = \frac{1}{\sigma\sqrt{2\pi}} \int_{-\infty}^{x} \exp\left[-\frac{1}{2}\left(\frac{t-\mu}{\sigma}\right)^2\right] \mathrm{d}t$$

正态分布的随机变量 x 的期望值和方差分别是

$$E(x) = \int_{-\infty}^{+\infty} x \cdot n(x;\mu,\sigma)\mathrm{d}x = \mu$$

$$V(x) = \int_{-\infty}^{+\infty} (x-\mu)^2 \cdot n(x;\mu,\sigma)\mathrm{d}x = \sigma^2$$

可见，分布参数 μ 和 σ 分别是 x 的期望值和标准差。

期望值 $\mu = 0$，方差 $\sigma^2 = 1$ 的正态分布叫作标准正态分布，其概率密度函数和分布函数分别是

$$n(x;0,1) = \frac{1}{\sqrt{2\pi}} \exp\left(-\frac{1}{2}x^2\right)$$

$$N(x;0,1) = \frac{1}{\sqrt{2\pi}} \int_{-\infty}^{x} \exp\left(-\frac{1}{2}t^2\right) dt$$

5. 指数分布

如果随机变量 x 具有的概率密度函数形式为

$$p(x) = \begin{cases} \lambda e^{-\lambda x}, & x \geqslant 0 \\ 0, & x < 0 \end{cases}$$

式中：$\lambda > 0$，则称 x 遵从参数为 λ 的指数分布。期望值和方差分别为

$$E(x) = \int_0^{+\infty} x \cdot \lambda e^{-\lambda x} dx = \frac{1}{\lambda}$$

$$V(x) = \frac{1}{\lambda^2}$$

在实践中，跟"寿命"有关的分布都遵从指数分布形式。例如：元件寿命、动物寿命、通话时间、随机服务系统的服务时间等。

1.3 A 类不确定度公式的推导

1. 平均值的期望值和方差

对于有 n 个测量值的一组样本 $(x_1, x_2, \cdots, x_n)$，其平均值的期望值和方差为

$$E(\bar{x}) = E\left(\frac{1}{n}\sum_{i=1}^{n} x_i\right) = \frac{1}{n}E(x_i) = E(x)$$

$$V(\bar{x}) = V\left(\frac{1}{n}\sum_{i=1}^{n} x_i\right) = \frac{1}{n^2}V\left(\sum_{i=1}^{n} x_i\right)$$

$$= \frac{1}{n^2}\sum_{i=1}^{n} V(x_i) = \frac{1}{n}V(x)$$

2. 均方偏差的期望值

$$E\left[\frac{1}{n}\sum_{i=1}^{n}(x_i - \bar{x})^2\right] = \frac{1}{n}E\left[\sum_{i=1}^{n}(x_i - \bar{x})^2\right]$$

$$= \frac{1}{n}E\left\{\sum_{i=1}^{n}\left[(x_i - E(x)) - (\bar{x} - E(x))\right]^2\right\}$$

$$= \frac{1}{n}\sum_{i=1}^{n} E\{[x_i - E(x)]^2\} - E\{[\bar{x} - E(x)]^2\}$$

$$= V(x) - E\{[\bar{x} - E(\bar{x})]^2\}$$

$$= V(x) - V(\bar{x})$$

$$= V(x) - \frac{1}{n}V(x) = \frac{n-1}{n}V(x)$$

定义样本方差为

$$S_x^2 = \frac{1}{n-1}\sum_{i=1}^{n}(x_i - \overline{x})^2$$

则它的期望值为

$$E(S_x^2) = E\left[\frac{1}{n-1}\sum_{i=1}^{n}(x_i - \overline{x})^2\right] = \frac{1}{n-1}E\left[\sum_{i=1}^{n}(x_i - \overline{x})^2\right]$$

$$= \frac{n}{n-1}E\left[\frac{1}{n}\sum_{i=1}^{n}(x_i - \overline{x})^2\right] = \frac{n}{n-1}\cdot\frac{n-1}{n}V(x) = V(x)$$

可见样本方差 S_x^2 的期望值等于方差 $V(x)$，故通常采用 S_x^2 作为 $V(x)$ 的估计值。取其正平方根即为样本标准差

$$S_x = \sqrt{\frac{1}{n-1}\sum_{i=1}^{n}(x_i - \overline{x})^2}$$

这个公式称为贝塞尔公式。

根据平均值的方差公式 $V(\overline{x}) = \frac{1}{n}V(x)$ 可得平均值的标准差公式为

$$S_{\overline{x}} = \sqrt{\frac{1}{n(n-1)}\sum_{i=1}^{n}(x_i - \overline{x})^2}$$

通常将平均值的标准差作为标准不确定度的 A 类评定分量。

参考文献

［1］林木欣. 近代物理实验［M］. 北京：科学出版社，1999.

［2］高立模. 近代物理实验［M］. 天津：南开大学出版社，2006.

分子与原子物理实验

实验 2.1　拉曼光谱

　　当光照射到物体上时会发生散射。散射光中与激发光频率相同的弹性成分称为瑞利散射，除此之外还包含与激发光频率不同的非弹性成分。由分子振动和晶体中的晶格振动等元激发与激发光相互作用产生的非弹性散射称为拉曼散射。这种非弹性散射由拉曼于 1928 年首次观察到，他因此获得 1930 年诺贝尔物理学奖。利用拉曼散射还可以探测固体的声子、磁振子等元激发，也可以研究外部条件（如温度和压力等）改变所导致的固体结构的变化。拉曼光谱技术具有非破坏性，几乎不需要样品制备，可直接测定气体、液体和固体样品。在无机化合物、有机化合物、生物体系研究等方面都有重要的应用。拉曼光谱还是高分子、生物大分子分析的重要手段。

实验目的

（1）了解拉曼散射的基本原理。
（2）熟悉拉曼光谱仪的结构和操作。
（3）掌握晶格振动拉曼光谱的基本知识及其在物质鉴定中的应用。

实验原理

　　与激发光相比，散射光中频率不变的是瑞利散射，频率变化的叫拉曼散射。其中频率变小的是斯托克斯散射，频率变大的是反斯托克斯散射。这些散射光在光谱中体现为不同的谱线。瑞利线与拉曼线的波数差称为拉曼位移，拉曼位移是分子振动能级的直接量度。

　　拉曼散射光谱具有以下明显的特征：① 拉曼散射谱线的波数虽然随入射光的波数而不同，但对同一样品，同一拉曼谱线的位移与入射光的频率无关，只和样品的振动转动能级有关；② 斯托克斯谱线和反斯托克斯谱线对称地分布在瑞利散射谱线两侧，这是由于在上述两种情况下分别相应于得到或失去了一个振动量子的能量；③ 一般情况下，斯托克斯谱线比反斯托克斯谱线的强度大，这是由于玻尔兹曼分布，处于振动基态上的粒子数远大于处于振动激发态上的粒子数，因此通常情况下拉曼光谱只记录斯托克斯散射；④ 温度变化时，反斯托克斯散射强度变化明显，斯托克斯散射强度变化不大。

1. 拉曼散射的原理

1）拉曼散射的经典解释

下面以晶格振动为例介绍拉曼散射原理。

在入射光的电磁场作用下，晶体中的原子被极化，产生感应电偶极矩。当入射光较弱时，单位体积的感应电偶极矩（即极化强度）P 与入射光波电场强度 E 成正比，即

$$P = \alpha E \tag{2-1}$$

式中：α 为极化率，一般 α 为二阶张量。为简单起见，这里将 α 按标量来处理。由电动力学知识可知，上述感应电偶极矩会向空间辐射电磁波并形成散射光。一般情况下只考虑可见光的散射，对于有很大惰性的原子核来说，可见光的频率太高，它跟不上可见光的振动，只有电子才能跟上。因而晶体对可见光的散射仅有电子有贡献，所以式（2-1）中 α 是电子极化率。

晶体中的原子在其平衡位置附近不停地振动。由于原子在晶体中的排列具有周期性，晶体中原子的振动是一种集体运动，这种集体运动会形成格波。晶格振动格波可以分解成许多彼此独立的简谐振动模，每个简谐振动模都有自己确定的频率 ω（$\mathrm{rad \cdot s^{-1}}$），也有确定的能量 $\hbar\omega$。这种能量是量子化的，晶格振动模的能量量子称为声子，所以一般又将晶格振动模称为声子。

电子极化率会被晶格振动模所调制，从而导致频率改变的非弹性光散射。设晶体中原子处于平衡位置时电子极化率为 α_0，晶格振动模引起电子极化率的改变为 $\Delta\alpha$，则 $\alpha = \alpha_0 + \Delta\alpha$。若晶格振动模是频率 ω、波矢 q 的平面波，则由它引起的电子极化率的改变可表示为

$$\Delta\alpha = \Delta\alpha_0 \cos(\omega t - q \cdot r) \tag{2-2}$$

设入射光为频率为 ω_i、波矢为 k_i 的平面电磁波

$$E = E_0 \cos(\omega_i t - k_i \cdot r) \tag{2-3}$$

则极化强度可表示为

$$\begin{aligned}
P &= (\alpha_0 + \Delta\alpha)E = [\alpha_0 + \Delta\alpha_0 \cos(\omega t - q \cdot r)]E_0 \cos(\omega_i t - k_i \cdot r) \\
&= \alpha_0 E \cos(\omega_i t - k_i \cdot r) + \frac{1}{2}\Delta\alpha_0 E_0 \{\cos[(\omega_i + \omega)t - (q + k_i) \cdot r] + \\
&\quad \cos[(\omega_i - \omega)t - (q - k_i) \cdot r]\}
\end{aligned} \tag{2-4}$$

散射光波动振幅正比于极化强度，所以由式（2-4）可知存在两种散射光。与第一项相应的是频率不变的散射光（瑞利散射），与第二和第三项相应的则是晶格振动引起的频率发生变化的散射光（拉曼散射）。$(\omega_i - \omega)$ 对应于斯托克斯散射，$(\omega_i + \omega)$ 对应于反斯托克斯散射。将式（2-4）中与拉曼散射相关的两项合并为一项

$$\frac{1}{2}\Delta\alpha_0 E_0 \cos(\omega_s t - k_s \cdot r) \tag{2-5}$$

式中：

$$\omega_s = \omega_i \pm \omega \tag{2-6}$$

$$k_s = k_i \pm q \tag{2-7}$$

ω_s 和 $\boldsymbol{k}_s$ 分别为散射光的频率和波矢。式（2-6）和式（2-7）分别表示了晶格振动拉曼散射应遵守的能量守恒和动量守恒定律。

2）拉曼散射的量子解释

量子力学观点认为，光子具有波粒二象性。一个频率为 ω_i 的光子可以看作是具有 $\hbar\omega_i$ 能量的粒子。光子与振动分子的相互作用可以看作粒子的碰撞过程。碰撞分为弹性碰撞和非弹性碰撞两种。弹性碰撞不发生能量转移，只是光子运动方向发生了变化，这就是瑞利散射。非弹性碰撞发生了能量转移，因此光子的频率发生了变化，这就是拉曼散射。斯托克斯散射光的能量为 $\hbar(\omega_i - \omega)$，反斯托克斯散射光能量为 $\hbar(\omega_i + \omega)$。

热平衡状态下，各能级分子数遵循玻尔兹曼分布，因此斯托克斯散射和反斯托克斯散射对应的分子数目之比为：$N_{ks} / N_{kas} \propto \exp(\hbar\omega / kT)$。通常情况下 $\exp(\hbar\omega / kT) > 1$，因此斯托克斯散射要比反斯托克斯散射强得多。

2. 晶格振动拉曼光谱

先来考虑一下导致拉曼散射的晶格振动模的波矢的大小。设入射光的波长为 $\lambda_i = 500 \text{ nm}$，在折射率 $n = 1.5$ 的晶体中相应的波矢大小为 $k_i = 2\pi \dfrac{n}{\lambda_i} \approx 2 \times 10^5 \text{ cm}^{-1}$。由于晶格振动的频率比入射光的频率小得多，由式（2-6）可知，散射光的频率与入射光的频率很接近，即散射光的波长（$\lambda_s = \dfrac{2\pi\nu}{\omega_s}$）很接入射光的波长。因此可以近似地把散射光的波矢大小看成与入射光的波矢大小一样：$k_s \approx 2 \times 10^5 \text{ cm}^{-1}$。考虑到拉曼散射动量守恒定则式（2-7），在图 2-1 所示的直角散射配置下，参与拉曼散射的晶格振动模的波矢大小为 $q = \sqrt{2}k_i \approx 2.8 \times 10^5 \text{ cm}^{-1}$。而晶格振动摸波矢大小的定义是 $q = \dfrac{2\pi}{\lambda}$，其方向平行于格波传播的方向，$\lambda$ 为波长。所以波

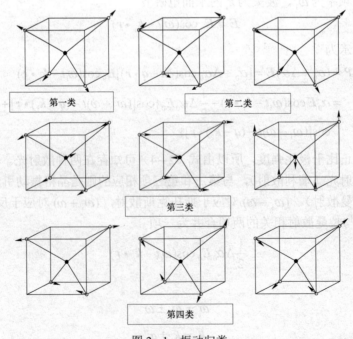

图 2-1 振动归类

矢是倒易空间中的一个矢量。因而在固体物理学中就将晶格振动模的频谱 $\omega(q)$ 描述在晶体的布里渊区中。

再来考察布里渊区的大小。布里渊区的线度为 $-\dfrac{\pi}{a}$，a 为晶格常数，一般 $a \approx 10^{-8}\ \mathrm{cm}$，所以布里渊区的线度为 $-3 \times 10^{8}\ \mathrm{cm}$。由此可见，参与拉曼散射的晶格振动模的波矢大小比布里渊区的大小要小几个数量级。参与拉曼散射的晶格振动模紧靠布里渊区中心 Γ 点，其波长则比晶格常数大得多，所以被称为长波长晶格振动模。

不同晶体或不同分子的拉曼活性振动模的数目及其频率一般是不同的，它们的拉曼散射光谱也就有区别，所以可以利用拉曼光谱来鉴别物质，这是拉曼光谱很重要的一个应用。

3. CCl_4 分子结构与振动方式

CCl_4 分子为四面体结构，一个碳原子在中心，4 个氯原子在四面体的 4 个顶点，当四面体绕其自身的某一轴旋转一定角度，分子的几何构形不变时，该操作称为对称操作，其旋转轴称为对称轴。CCl_4 有 13 个对称轴，有 24 个对称操作，N 个原子构成的分子有（$3N-6$）个内部振动自由度。因此，CCl_4 分子可以有 9 个（即 $3 \times 5 - 6$）自由度，或称为 9 个独立的简正振动。

根据分子的对称性，这 9 种简正振动可归成图 2–1 所示的 4 类。

第一类，只有一种振动方式，4 个 Cl 原子沿与 C 原子的连线方向作伸缩振动，记作 $\nu 1$，表示非简并振动。

第二类，有两种振动方式，相邻两对 Cl 原子在与 C 原子连线方向上，或在该连线垂直方向上同时作反向运动，记作 $\nu 2$，表示二重简并振动。

第三类，有三种振动方式，4 个 Cl 原子与 C 原子作反向运动，记作 $\nu 3$，表示三重简并振动。

第四类，有三种振动方式，相邻的一对 Cl 原子作伸张运动，另一对作压缩运动，记作 $\nu 4$，表示另一种三重简并振动。

上面所说的"简并"，是指在同一类振动中，虽然包含不同的振动方式但具有相同的能量，它们在拉曼光谱中对应同一条谱线。因此，CCl_4 分子振动拉曼光谱应有 4 条基本谱线，根据实验中测得各谱线的相对强度依次为 $\nu 1 > \nu 2 > \nu 3 > \nu 4$。

实验装置

本实验装置采用港东 LSR–3 型拉曼光谱仪，其结构如图 2–2 所示。

1. 光源部分

采用 40 mW 半导体激光器，输出激光为偏振光，波长为 532 nm。

2. 外光路系统

图 2–2 中从激光器到入射狭缝之间的部分即为外光路系统。激光器出射的光经过外光路系统照射到样品上，再收集到单色仪中。在外光路系统中，起偏器的作用是保证入射光为线偏振光；聚光镜的作用是保证在样品管位置形成激光束的束腰，以便有足够的光强；物镜用来收集各个方向的散射光；检偏器与起偏器和波片配合使用，用来测定分子拉曼散射的退偏比和选择晶体拉曼散射几何配置。

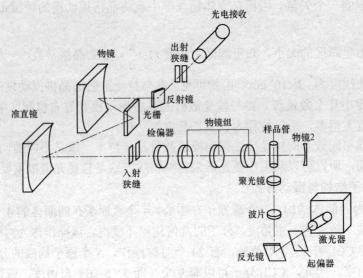

图 2-2   实验装置示意图

3. 单色仪

单色仪结构如图 2-3 所示。S1 为入射狭缝，M1 为准直镜，G 为平面衍射光栅，衍射光束经成像物镜 M2 会聚、平面镜 M3 反射直接照射到出射狭缝 S2 上，在 S2 外侧有一光电倍增管 PMT，当光谱仪的光栅转动时，光谱信号通过光电倍增管转换成相应的电脉冲，并由光子计数器放大、计数，进入计算机处理，在显示器的荧光屏上得到光谱的分布曲线。

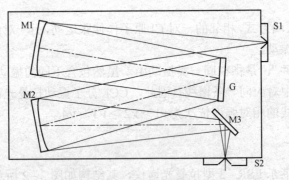

图 2-3   单色仪结构

单色仪是拉曼光谱仪的核心部分，它的主要作用是对散射光进行分光并减弱杂散光。改变入射狭缝和出射狭缝的宽度可改变单色仪的分辨率。狭缝越窄，分辨率越高。由于光栅的反射因子依赖于入射光的偏振方向，因此，需要在入射狭缝前面加上 1/2 波片使线偏振光变为圆偏振光，以消除反射因子的影响。

4. 探测系统

拉曼散射是一种极微弱的光，其强度小于入射光强的 10^{-6}，比光电倍增管本身的热噪声水平还要低。用通常的直流检测方法已不能把这种淹没在噪声中的信号提取出来，可以使用单光子计数器方法来进行信号检测。

单光子计数器方法利用弱光下光电倍增管输出电流信号自然离散的特征,采用脉冲高度甄别和数字计数技术将淹没在背景噪声中的弱光信号提取出来。主要原理是热噪声电子的倍增次数少于光电子的倍增次数,因而可以通过设定脉冲高度甄别阈值滤除热噪声。

另外,LSR-3 型拉曼光谱仪配备了陷波滤波器来消除瑞利散射光,提高拉曼散射光的相对强度。由于拉曼散射强度小于入射光强的 10^{-6},而拉曼散射峰与瑞利散射峰又靠得很近,因此需要在几十纳米的范围内有效地将瑞利散射光强度减弱 6 个量级左右。本实验中使用的陷波滤波器的中心波长为 532 nm,半宽为 20 nm。

实验内容与步骤

1. 光源的使用

注意:激光对人眼有害,请勿直视!

(1)检查电源前面板开关是否处于关闭状态,按下标记"0"即为关闭状态。
(2)检查锁开关是否处在关闭状态,锁开关逆时针转到垂直即为关闭状态。
(3)检查电源后面板输入电压值,按标明值插入供电电压插座。
(4)稳流电源输出插头与激光器插头对接,对接要牢固(电源与激光器已调试)。
(5)打开电源开关。按下标记"-"为工作状态,红指示灯亮。
(6)打开锁开关。顺时针转到水平位"ON"为工作状态。延时 1 s 指示灯亮。
(7)使用后必须先关闭锁开关,逆时针转到垂直位。再关闭电源总开关,按下标记"0"。
(8)取下电源输入插头。

2. 外光路调整

注意:单色仪部分出厂时已由专业人员调整好,操作者不允许自行调整。

(1)检测外光路是否正常。在单色仪入射狭缝处放一张白纸观察瑞利散射光的成像是否清晰,如果清晰且能够进入狭缝,则无须调整,否则要对光路进行调整。
(2)调整聚光部件。聚光部件用来将激光(高斯光束)进行会聚,以达到提高光功率密度的目的。调整聚光镜,使光束的束腰通过样品管的中心。
(3)调整集光部件。集光部件用来有效收集发散到各个方向的拉曼散射光。通过调整物镜 2 和物镜组,使瑞利散射光成像清晰,并且能够射入单色仪的狭缝即可。
(4)调整样品架。样品放入后,如果样品未通过光学中心,则只能调整样品架,不可再调整光路。

3. 进行测量
检查测量系统接线无误后,开启计算机,启动测量软件即可测量。

思考题

1. 红外和拉曼光谱有什么不同?
2. 拉曼光谱和 X 射线衍射都能鉴别物质,请比较两种方法,并谈谈拉曼光谱的优缺点。
3. 根据实验中测得的斯托克斯谱线强度计算反斯托克斯谱线的强度。

实验 2.2　塞 曼 效 应

塞曼效应是物理学史上的一个著名实验，1896 年，塞曼（Pieter Zeeman，1865—1943）发现光源在强磁场作用下，其光谱会发生变化，可把每一条谱线分裂成几条偏振化的谱线，这就是塞曼效应。塞曼效应实验证明了原子具有磁矩和空间取向的量子化，并得到洛伦兹（Hendrik Antoon Lorentz，1853—1928）的理论解释。1902 年塞曼和洛伦兹因研究磁性对辐射现象的影响所作出的特殊贡献而同获诺贝尔奖。

实验目的

（1）观测横向塞曼效应现象，计算荷质比。
（2）学习用 F–P 标准具测定微小波长差。

实验原理

1. 原子的总角动量与总磁矩

电子的轨道角动量和自旋角动量合成了原子的总角动量 L_j，电子的轨道磁矩和自旋磁矩合成了原子的总磁矩 $\boldsymbol{\mu}$。$\boldsymbol{\mu}$ 绕 L_j 旋进，$\boldsymbol{\mu}$ 在 L_j 方向的投影 $\boldsymbol{\mu}_j$，对外平均效果不为 0，称为有效总磁矩，$\boldsymbol{\mu}_j$ 和 L_j 的关系为

$$\mu_j = g\frac{e}{2m_e}L_j \tag{2-8}$$

式中：e 为电子电量；m_e 为电子质量；g 为朗德因子，它表征原子的总磁矩与总角动量之间的关系。

2. 外磁场对原子能级的作用（正常塞曼效应）

具有磁矩为 $\boldsymbol{\mu}$ 的原子，在外磁场 $\boldsymbol{B}$ 中的势能为

$$U = -\boldsymbol{\mu} \cdot \boldsymbol{B} = -\mu_z B \tag{2-9}$$

这里 $\boldsymbol{B}$ 的方向定为 z 轴。原子的磁矩主要来自电子的贡献，那么

$$\mu_z = -mg\mu_B \tag{2-10}$$

式中：μ_B 是玻尔磁子；m 是角动量在 z 方向投影的量子数。代入式（2-9）得

$$U = mg\mu_B B \tag{2-11}$$

考虑一个原子的两个能级 E_1 和 E_2（$E_1 < E_2$）之间的光谱越迁，在无外磁场时，越迁的能量为

$$h\nu = E_2 - E_1 \tag{2-12}$$

外加磁场 $\boldsymbol{B}$ 后，由式（2-11）可得，两能级的能量分别为

$$\begin{cases} E_2' = E_2 + m_2 g_2 \mu_B B \\ E_1' = E_1 + m_1 g_1 \mu_B B \end{cases} \tag{2-13}$$

由此可见，每一个能级都分裂了。磁量子数 $m = j$，$j-1$，$\cdots$，$-j$，共有 $2j+1$ 个值，因此，每一个能级分裂为 m 个（$2j+1$ 个）能级。但观察到的只是其差值，即

$$h\Delta\nu = E_2' - E_1' = E_2 - E_1 + (m_2 g_2 - m_1 g_1)\mu_B B$$
$$= h\nu + (m_2 g_2 - m_1 g_1)\mu_B B \tag{2-14}$$

当原子中自旋角动量为零时，$g_1 = g_2 = 1$，则

$$h\Delta\nu = h\nu + (m_2 - m_1)\mu_B B \tag{2-15}$$

塞曼效应能级跃迁所遵从的选择定则为：$\Delta m = m_2 - m_1 = 0，\pm 1$。因此，只能有 3 个 $h\Delta\nu$ 值，即只出现 3 条谱线

$$h\Delta\nu = h\nu + \begin{pmatrix} \mu_B B \\ 0 \\ -\mu_B B \end{pmatrix} \tag{2-16}$$

这表明一条频率为 ν 的谱线在外磁场作用下，分裂为间隔相等的 3 条谱线。这个结果和一些实验结果相符，因此被称为"正常塞曼效应"。如果对原子的磁矩有贡献的是两个自旋方向相反的电子，总自旋 $S = 0$，就会产生正常塞曼效应。

塞曼效应中谱线还要服从偏振定则，如表 2-1 所示。

表 2-1　偏振定则

Δm	横向（垂直于 $\boldsymbol{B}$）	纵向（平行于 $\boldsymbol{B}$）
$\Delta m = 0$	直线偏振 π 成分	无光
$\Delta m = +1$	直线偏振 σ 成分	右旋圆偏振
$\Delta m = -1$	直线偏振 σ 成分	左旋圆偏振

偏振定则的详细论述见本实验的参考文献。

3. 反常塞曼效应

在 1896 年塞曼发现正常塞曼效应后，很多实验表明，分裂的谱线数目可以不是 3 条，裂距也不都相等。由于多年来一直没有得到合理的解释，因此冠以"反常"塞曼效应。这是乌仑贝克–古兹米特提出电子自旋假设的根据之一。利用电子自旋假设，这个难题终于被破解了，同时也证明了这一假设的实在性。

本实验采用的汞原子绿光（546.1 nm）来研究反常塞曼效应。

汞原子绿光（546.1 nm）的塞曼分裂是由高能级 6s7s（$^3S_1$）跃迁到 6s6p（$^3P_2$）而产生的，分裂的谱线同样满足式（2-14）。将式（2-14）两边同时除以 hc，c 是光速，表现为波数差形式

$$\Delta\tilde{\nu} = h\nu + (m_2 g_2 - m_1 g_1)\tilde{L} \tag{2-17}$$

式中：$\tilde{L}$ 称为洛伦兹单位。

$$\tilde{L} = \frac{e}{4\pi m_e c}B = 46.7B \ (\text{m}^{-1}) \tag{2-18}$$

这里 g 因子是 L–S 耦合的结果

$$g = 1 + \frac{L_j^2 - L_l^2 + L_s^2}{2L_J^2} = 1 + \frac{J(J+1) - L(L+1) + S(S+1)}{2J(J+1)} \tag{2-19}$$

显然，g 和原子的轨道量子数 L 及自旋量子数 S 有关。

同样要服从选择定则：$\Delta m = m_2 - m_1 = 0$，± 1。偏振定则和正常塞曼效应的类同，如表 2-2 所示。

表 2-2　能级分裂的量子态表

	$^3S_1$	$^3P_2$
L	0	1
S	1	1
J	1	2
g	2	3/2
m	1, 0, -1	2, 1, 0, -1, -2
mg	2, 0, -2	3, 3/2, 0, -3/2, -3

由此得到表征原子状态的量子数和在磁场中能级分裂的量子态表和能级分裂及谱线分布图，如图 2-4 所示。

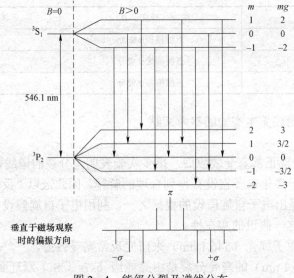

图 2-4　能级分裂及谱线分布

实验装置

图 2-5 是塞曼效应的实验装置。光源汞灯 J 置于电磁铁的磁极间，会聚透镜 L1 将光源发出的光聚焦于 F-P 标准具的中心附近，为了获得单色光，其间放置了滤波片 F，标准具得到的干涉图样经成像透镜 L2 成像在底片上进行拍摄。

F-P 标准具主要由两块平面镜及镜间的石英间隙垫等组成。这些光学部件的加工精度极高，以确保两平面镜精确平行和具有稳定的间距。

F-P 标准具是一种多光束的干涉装置。一束光以 θ 角入射，在 M1 和 M2 两平面镜的内反射面之间多次反射。每束射到 M2 的光可以部分透射，这些光束互相平行，经透镜会聚后，在透镜的焦平面发生干涉，如图 2-6 所示。如果是平面光源，入射标准具的光线可以有各种角度，则相同倾角的光线形成一条环形干涉条纹。整个面光源可形成序列等倾干涉环。相邻光束的光程差为 $\Delta = 2d\cos\theta$。产生干涉极大的条件为

$$2d\cos\theta = K\lambda \qquad (2\text{-}20)$$

式中：K 为整数，称为干涉序。波长为某一 λ，对应不同的 θ、K 就会形成一系列同心圆环。

　　使用面光源，F-P 标准具将在无穷远处产生一组圆环干涉图样，用这种干涉图样就能测量微小波长差（详见有关参考书）。以波数形式表示为

$$\Delta\tilde{\nu}_{ab} = \tilde{\nu}_a - \tilde{\nu}_b = \frac{1}{2d} \cdot \frac{D_b^2 - D_a^2}{D_{K-1}^2 - D_K^2} \qquad (2\text{-}21)$$

式中：d 为两反射面间距（本实验 $d = 2\ \text{mm}$）；D_a 和 D_b 分别为两波长的光在焦平面投影环的直径；D_K 和 D_{K-1} 分别为 K 和 $K-1$ 序列环的直径，干涉环直径越大，K 越小。

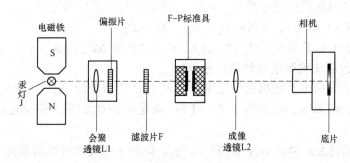

图 2-5　塞曼效应的实验装置

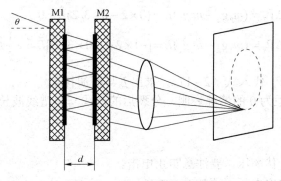

图 2-6　F-P 标准具原理图

实验步骤及要点

本实验只观测横向塞曼效应。

（1）调整光路观察横向塞曼效应。

① 将汞灯电源调压器电压调到 100 V 时，接通汞灯电源。

② 调整光路，使干涉环清晰。不要调整 F-P 标准具上用于调整 M1、M2 平行的 3 个螺丝钮，此项调整由教师进行。

③ 打开励磁电流电源，电流调到 3.5 A，观察塞曼能级分裂，励磁电流与 B 的关系见实验室所给的数据。

（2）拍摄不加磁场时的谱线。

（3）分别拍摄 σ 和 π 分量塞曼效应谱线，磁场电流为 3～4 A，励磁电流与 B 的关系和曝光时间见实验室给出的数据。

（4）用专用软件测量各干涉环直径。

（5）比较各照片干涉环特点，作出解释说明。

（6）数码相机应调成手动曝光和手动调焦，镜头焦距要调到使干涉环足够大。

数据处理

1. 根据 F-P 标准具测量数据计算波数差

（1）求出 K，$K-1$ 序列各环的直径，每个序列包含 3 个环。

（2）由每个序列环的直径计算 $D_{K-1}^2 - D_K^2$，注意它与干涉序列无关。

（3）求 K，$K-1$ 和 $K-2$ 序列的 $D_b^2 - D_a^2$，$D_c^2 - D_b^2$。

（4）用上面求出的数据代入式（2-21），计算波数差 $\Delta \tilde{\nu}_{ab}$，$\Delta \tilde{\nu}_{bc}$。

2. 根据塞曼效应求波荷质比和洛伦兹单位

由于测量的是 π 成分，根据偏振定则，由表 2-2 查得能级 $^3S_1$ 的 m（即 m_2）取值为 1，0，-1，能级 $^3P_2$ 的 m（即 m_1）取值为 1，0，-1 时，满足 $\Delta m = 0$，出现 3 条谱线；$^3S_1$ 的 g（g_2）=2，$^3P_2$ 的 g（g_1）=3/2。

由以上 3 组满足 $\Delta m = 0$ 的 m_1，m_2 和 g_1，g_2，得到 3 个裂距（波数差），即

$$\begin{cases} \Delta \tilde{\nu}_1 = (m_2 g_2 - m_1 g_1)\tilde{L} = (1 \times 2 - 1 \times 3/2)\tilde{L} = \dfrac{1}{2}\tilde{L} \\ \Delta \tilde{\nu}_2 = (m_2 g_2 - m_1 g_1)\tilde{L} = (0 \times 2 - 0 \times 3/2)\tilde{L} = 0 \\ \Delta \tilde{\nu}_3 = (m_2 g_2 - m_1 g_1)\tilde{L} = [-1 \times 2 - (-1 \times 3/2)]\tilde{L} = -\dfrac{1}{2}\tilde{L} \end{cases} \qquad (2-22)$$

令 $\Delta \tilde{\nu}_1 = \Delta \tilde{\nu}_{ab}$，$\Delta \tilde{\nu}_3 = \Delta \tilde{\nu}_{bc}$ 代入式（2-17），求出 $\tilde{L}$ 与荷质比。

式（2-22）中裂距为 0 的情况表明，分裂后的谱线与原谱线波长相同。

注意事项

（1）汞灯使用上千伏高压，要注意防止电击。

（2）汞灯调压器输出电压不要超过 100 V。

（3）学生不得调整 F-P 标准具的 3 个调平行的螺丝钮，实验中严防 F-P 标准具从支架上跌落。

（4）保护数码相机和 F-P 标准具。特别要保护镜头，不得以任何方式接触镜头，严禁任何方式擦镜头。

（5）光路调整要仔细，必须调到图像清晰，环显示锐利，亮度均匀。

1. 在观察横向塞曼效应时，当 B 逐渐增加时，谱线的条数和裂距会发生什么变化？画出变化情况，并在图中标明干涉序和 σ、π 成分。

2. 如何区分干涉图形中的 σ、π 成分。

参考文献

杨福家. 原子物理学［M］. 北京：高等教育出版社，1990.

实验 2.3　气压扫描 F–P 标准具及塞曼效应实验

本实验用气压扫描 F–P 标准具完成赛曼效应实验，可以进一步了解 F–P 标准具的原理及主要技术指标。有关赛曼效应的原理及有关公式等，请参阅本书实验 2.2。

实验目的

（1）了解 F–P 标准具的原理，掌握其调整、使用方法。
（2）利用气压扫描 F–P 标准具测定塞曼效应。

实验原理

1. F–P 干涉仪的简要描述

F–P 干涉仪的核心是两个平面性和平行性极好的高反射光学镜面，它可以是一块玻璃或石英平行平板的两个面上镀制的镜面，也可以是两块相对平行放置的镜片，即为空气间隔，如图 2–7 所示。前一种形式结构简单，使用时无须调整，比较方便，体积也小，但由于材料的均匀性和两面加工平行度往往达不到很高水平，故性能不如后者优良。用固定间隔来定位的 F–P 干涉仪又称为 F–P 标准具。间隔圈常用热膨胀系数小的石英材料。它在 3 个点上与平镜接触，用 3 个螺丝调节接触点的压力，可以在小范围内改变两镜面的平行度，使之达到满意的程度。使用时常在干涉仪的前方加聚光透镜，后方则用成像透镜把干涉图成像于焦平面上，如图 2–8 所示。

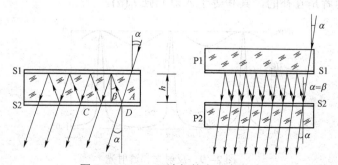

图 2–7　F–P 干涉仪的多光束干涉

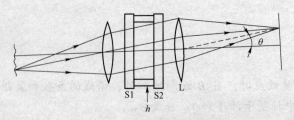

图 2-8　F-P 标准具的使用

F-P 干涉仪采用多光束干涉原理，关于多光束干涉的详细理论可参阅有关专著，在此就直接利用有关的一些关系式。

设每一镜面的反射率都为 R，透射率为 T，吸收散射等引起的损耗率为 τ，则有

$$R + T + \tau = 1 \tag{2-23}$$

图 2-7 中相邻两光束的光程差为

$$\Delta = 2nh\cos\beta = 2h\sqrt{n^2 - \sin^2\alpha} \tag{2-24}$$

式中：h 为镜面间隔距离；n 为镜间介质折射率；α 为入射光束投射角；β 为光束在镜面间的投射角。干涉条纹定域在无穷远，当镜面的吸收率可以忽略时，反射光的强分布为

$$I_R = I_0 \frac{4R\sin^2\dfrac{\Phi}{2}}{(1-R)^2 + 4R\sin^2\dfrac{\Phi}{2}} \tag{2-25}$$

透射光的光强分布为

$$I_T = I_0 \frac{(1-R)^2}{(1-R)^2 + 4R\sin^2\dfrac{\Phi}{2}} \tag{2-26}$$

式中：I_0 为入射角为 α 的入射光强；Φ 为相邻光束的相位差，来自由式（2-24）表示的光程差 Δ 和两次反射时的相位差变 δ_1，δ_2。

$$\Phi = \frac{2\pi\Delta}{\lambda} + \delta_1 + \delta_2 \tag{2-27}$$

式中：δ_1，δ_2 对金属膜可认为是常数，对介质膜来说它们是零，本实验不予考虑。所以对一定波长的单色光，Φ 因入射角 α 而变，干涉极大点的角分布是以镜面法线为轴对称分布的。在图 2-8 的成像透镜焦面上得到一套同心环。干涉图的圆心位置在通过透镜光心的 F-P 镜面法线上。

反射和透射的光强分布图如图 2-9 所示，可见反射光是亮背景上的暗环，透射光是暗背景上的亮环，两者是互补的，其和等于入射光强 $I_0(\alpha)$。

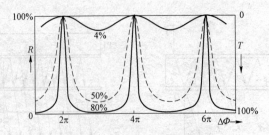

图 2-9　反射光和透射光

根据式（2-26），透射光强在光程差满足以下条件的角方位上有极大值

$$m\lambda = \Delta = 2nh\cos\beta = 2h\sqrt{n^2 - \sin^2\alpha} \qquad (2-28)$$

式中：m 为干涉级次，是正整数。

2. F-P 干涉仪的技术参数

F-P 干涉仪作为光谱仪器，其主要参数是：① 角色散和线色散；② 不重叠光谱范围；③ 峰值透过率；④ 衬比因子；⑤ 分辨率、仪器宽度和细度。其中③④⑤三项是衡量 F-P 干涉仪质量的主要指标，而尤以⑤为最重要。

这里省略了推导过程，仅给出以下结论。

仪器的分辨率为

$$\frac{\lambda}{\Delta\lambda} = \frac{2nh\cos\beta}{\lambda} \cdot F \qquad (2-29)$$

可见分辨本领与细度 F 成比例，与干涉级次 m 或镜间距离 h 成比例。然而 h 增大时，使干涉环直径及环间隔都减小，不重叠光谱范围减小，干涉仪的调整变得困难。细度 F 是一个由反射率细度 F_R、平整度细度 F_F、小孔细度 F_P 组合的参数，与镜面反射率、镜面平整度、成像光栏直径等有关。

不重叠光谱范围亦称自由光谱区，就是当一个波长 λ 的第 m 级次干涉极大点与另一波长（$\lambda + \Delta\lambda_{FSR}$）的第 $m-1$ 级次重叠时，两者的波长差 $\Delta\lambda_{FSR}$ 为

$$\Delta\lambda_{FSR} = \frac{\lambda^2}{2nh} \qquad (2-30)$$

对于镜间介质折射率确定的 F-P 干涉仪的角色散是一致的。线色散取决于成像透镜的焦距。不重叠光谱范围反比于镜间距离。峰值透过率和衬比因子取决于镜面反射膜的反射率和损耗率。仪器宽度和分辨率取决于镜间距离和细度的乘积。对于具有理想平行平面的 F-P 干涉仪，反射率细度 F_R 仅取决于反射率。在实际情况下，仪器能达到的细度 F 受限于镜面的平面平整度和平行度及接受小孔光阑的直径。在应用 F-P 标准具时，应根据具体要求选择镜间间隔、镜面反射率、细度及成像透镜焦距。

反映 F-P 干涉仪质量的指标主要是峰值透过率 T_{max}、衬比因子 C 和细度 F，而以细度尤为重要，此外还有温度稳定性、抗振性能等。

3. 干涉光谱的观测和记录方法

通常采用目视法或照相法。目视法一般用目视测量显微镜进行，方便直观，但易引入主观测量误差，不能作干涉光谱的强度测量，不能得到原始可保存资料。采用照相法时应注意选用焦距适当的照相镜头。目前常用的 CCD 摄像机具有小巧方便和附加畸变小的优点，但其像素有限，同时，干涉图越向外圈，色散越小，分辨率和光强也都越小。下面着重介绍扫描光电记录法。

由 F-P 干涉仪的程差表示式

$$\Delta = 2nh\cos\beta$$

可知，改变镜间距离 h，改变镜间气体压强从而改变折射率 n，以及改变角度 β，都可以改变程差 Δ，从而实现干涉光谱的扫描。

改变倾角法通常是转动标准具本身，在成像透镜焦平面上设置一段短狭缝光阑，随着标

准具法线取向的变化，使整套干涉环在垂直狭缝光阑的方向过中心地扫过狭缝光阑。光电探测器接收通过光阑的光强。这种方法容易实施，容易扫过多个干涉级次，适用于 h 和 n 不易改变的实心介质标准具。其缺点是：标准具的角色散的非线性使扫描也是非线性的；不能利用干涉圈中心色散最大处；倾角大时，干涉光束数目减少，从而导致分辨率下降。

较好的办法是扫描 h 或 n，这时干涉环的圆心位置不变，而从中心冒出（h 或 n 增大）或湮灭（h 或 n 减小），同时探测通过中心小孔光阑的光强，得到图 2-9 所示的信号。这样能利用中心色散最大处，并且扫描是线性的，分辨率是一致的。

通过改变镜间气压来扫描干涉光谱是广泛采用的最简单而可靠的方法，它不会破坏两镜的平行性，采用固定间隔环的 F-P 标准具的稳定性好，对振动干扰不大敏感，容易做到较好的线性慢扫。这种方法的局限性在于气压不能很快改变，故不适合研究波长和光强较快变化的光源；还有必须有足够的镜间间隔，才能方便地实现几个干涉级次的扫描范围。可以估算一下，改变气压时，标准具光学厚度的相应改变有多大。理论和实验都表明，在相当大的气压范围内，气体折射率 n 与气体密度 ρ 有很好的线性关系，在温度 T 不变时与气压 P 也有线性关系

$$n-1 = A'\rho = A''\frac{P}{T} = AP \tag{2-31}$$

式中：A'，A'' 和 A 为常数。光束入射角接近 $0°$ 时，干涉级次为 $m = 2nh/\lambda$，气压改变 ΔP 时，干涉级次的改变为

$$\Delta m = \frac{2h}{\lambda} \cdot A \cdot \Delta P \tag{2-32}$$

如果采用空气，在标准条件下，$A = 2.93 \times 10^{-4}$/大气压，当 $\lambda = 5.5 \times 10^{4}$ nm，$h = 2$ mm，$\Delta P = 2$ 大气压时，能扫过干涉级次 $\Delta m = 4.262$。

气压扫描的具体做法是把 F-P 标准具置于两端有通光窗口的密闭容器中，一般常用机械真空泵抽空容器内气体。然而，从气源通过毛细管对容器充气。这时随着 n，h 的增大，干涉环从中心冒出且扩大。如果气源的压强比扫描时气压的改变量大得多，可近似地认为充气流量是恒定的，则 n 随时间的变化也是线性的

$$n = 1 + AP = 1 + kt \tag{2-33}$$

但要得到较好的线性，抽气、充气系统的调整并不简单方便，同时毛细管易被尘埃等堵塞而改变流量，要想改变扫描速度也不方便。

在本实验的仪器中，用步进电动机驱动的封闭压缩泵来改变容器内的气压。容器上装有半导体压力传感器，直接输出与气压呈线性关系的电压信号，作为记录仪（PC 机）的 X 坐标信号。由 $m = 2nh/\lambda$ 可知，对于 λ 确定的单色光，就可以得到干涉级次的线性扫描，而在同一级次中的就得到对不同波长的线性扫描。记录仪（PC 机）Y 轴的信号来自小孔光阑后的光电探测器。图 2-10 就是记录仪得到的光谱。如果采用谱线宽度很窄的单色光，例如单纵模激光，则其透射峰就能反映仪器宽度，以半峰值处的宽度除以峰-峰距离就得到细度。但一般光谱灯的谱线本身有 GHz 量级的频宽，其透射峰是仪器线形与谱线线形的卷积。

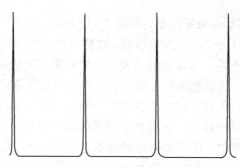

图 2-10　单色光的光电扫描光谱

作为封闭压缩系统驱动器的步进电动机的步速可方便地改变，从而改变气压扫描速度，同时仪器中采用了反馈控制，使气压扫描速度接近恒定，避免封闭压缩系统的空间缩小时，恒定的步速使气压上升速度越来越快，导致信号探测和处理中时间响应的不一致。

用气压传感器的气压信号作为正比于气体折射率的信号，其前提是系统的温度应保持不变。在仪器结构上应尽量使温度变化微小，同时在使用中，扫描速度慢能使温度变化更小。另外，气压扫描时，气室外壳会发生微小形变，要采取措施有效地隔离这种形变对镜片的影响，否则，气压扫描 F-P 干涉仪将不能正常工作。

本实验光强信号探测器采用光电倍增管，以便探测弱信号。光电倍增管前加小孔光阑，提高了仪器的分辨力。光电倍增管的倍增率与所供给的负高压关系很大，调节负高压可在相当大的范围内，改变输出光电信号的大小，同时要求负高压要足够稳定，否则光电信号将会产生明显的漂移或抖动。

数据记录采用 A/D 转换接口输入到 PC 机，用专用软件来显示扫描曲线和进行数据处理。

实验装置

本实验采用装置包括气压扫描 F-P 标准具、光电倍增管探测器、PC 机、扩束平行光管、磁铁、特斯拉计、笔形汞灯及其电源、聚光透镜等。

实验内容和步骤

1. 调整仪器系统

把仪器调整到最佳状态是实验取得优良效果的基础，同时能加深对仪器原理和功能的认识，学会正确使用仪器，这对提高实验能力十分重要。在 F-P 干涉仪的实验中，应注意如何调节两镜的平行度，如何求取平面度最好的部位用于实验，如何正确地把小孔光阑设置到干涉图的中心，如何正确照明来获取最强信号。在扫描型的 F-P 干涉仪中，可利用其扫描特点，把调整工作做得更加精准。

调整 F-P 镜对平行度的方法通常如图 2-11 所示。采用单色光照明干涉仪，眼睛一边观察干涉仪，一边向某一方向移动，如果移动时发现环从中心冒出并扩大，说明沿此方向镜间距在增大，应调节相应螺旋，纠正之。

实践证明，这样的调节效果往往还不尽如人意，在本实验中，利用成像透镜-焦面小孔光阑组件，可选出

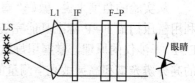

图 2-11　通常观测平行度的方法

LS—线光谱光源；L1—聚光透镜；
IF—干涉滤光片；F-P—标准具

一束通过 F-P 干涉仪的平行光束来观察，如图 2-12 所示。这样观察到的是等厚干涉条纹。在增加气压时，条纹将向镜间距小的方向移动，这样可以很明确地知道该调哪个螺旋钮，以及如何调。随着平行度的改善，等厚条纹会变宽、变弯曲，变成宽大的亮斑，见图 2-12。设想一对理想的平行平镜，其镜间距处处相等，等厚干涉条件各处一样，在扫描气压时，整个孔径内亮暗应均匀分布，在透射峰时呈现的干涉图是一均匀亮场。由于不平行，才会导致扫描时等厚干涉图的定向横向移动，这提供了极其敏感的平行度指示。平行度调到最佳后，由于镜面必定存在平面度误差，所以透射峰时仍不是均匀亮场。从以上的观察和调整，可以直观地领会到平镜平行度和平面度对仪器细度和峰值透过率的决定性影响。

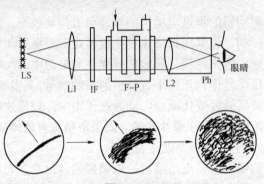

图 2-12 用扫描法观测平行度

LS—线光谱光源；L1—聚光透镜；L2—成像透镜；IF—干涉滤光片；Ph—小孔光阑

焦面上小孔光阑设置于干涉环的中心是最有利的，但有时所研究的光源亮度较低，难以清晰地看清干涉环，为此，在小孔光阑后方设置了一个可移动的发光二极管，可把它移到正对小孔，使光向前经成像透镜投射到 F-P 镜面上，再反射回来，又在焦面上成一亮点，如图 2-13 所示，调整 F-P 干涉仪的方位，使该亮点与小孔重合，就保证了小孔光阑位于干涉环的正中心。调毕，把发光二极管关闭并移开，不妨碍光电探测器接收信号。

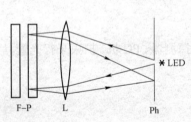

图 2-13 调整干涉环中心

为了在计算机屏幕上显示大小适中的信号曲线，除了在记录仪或计算机上选择设置合适的灵敏度以外，对 X 轴的气压（波长）信号，还可在扫描控制器上连续调节气压模拟信号的输出幅度（输出调节）；对 Y 轴光强信号，还可调节光源的光强、光电倍增管的电压、光电流放大器的倍率或输出幅度（输出调节）来得到合适的信号强度。

2. 塞曼效应的测定

从实验的角度来说，做好"塞曼效应"实验的关键在于分辨率高而工作稳定的分光仪器，利用气压扫描 F-P 标准具能完美地完成该实验。实验者应从完成实验的过程中，深入领会 F-P 干涉仪的原理，掌握用好这类干涉仪的技巧，并触类旁通地理解这类具有更广泛意义的高分辨光谱和高灵敏光学测量的实验技能。

图 2-14 是塞曼效应的实验装置。在开始调整仪器时，可拿开偏振片，使光强较大；同时取下光电倍增管而直接用眼睛通过焦面小孔光阑观察。调整好 F-P 干涉仪后，取下焦面

小孔光阑，可目视观察无磁场和有磁场时气压扫描的等倾干涉图；装上带小孔光阑的光电倍增管组件即可进行光电记录，必要时可采用前面介绍的方法，保证小孔光阑位于干涉环的正中心。记录时，把气压信号（对应于波长扫描）接计算机屏幕的 X 轴；把光强信号接 Y 轴，调节各环节信号强度，使显示幅度恰当。

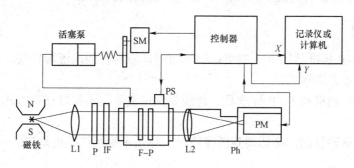

图 2－14　塞曼效应的实验装置

L1—聚光透镜；P—偏振片；IF—干涉滤光片；F-P—气压扫描标准具；L2—成像透镜；

Ph—焦面小孔光阑；PM—光电倍增管；SM—步进电动机；PS—气压传感器

通常采用干涉滤光片从汞灯光源中滤出很强的 5 461 Å 绿线来进行实验，得到分裂为 9 条塞曼分量的反常塞曼效应。如图 2－15 所示，在塞曼分裂的扫描谱图中，相邻级次的峰间距 S_0 所对应的波长为自由光谱范围 $\Delta\lambda_{\mathrm{FSR}}$，从分裂峰的裂距 S 即可得知相应的波长，即

$$\Delta\lambda = \Delta\lambda_{\mathrm{FSR}} \cdot \frac{S}{S_0} \qquad\qquad (2-34)$$

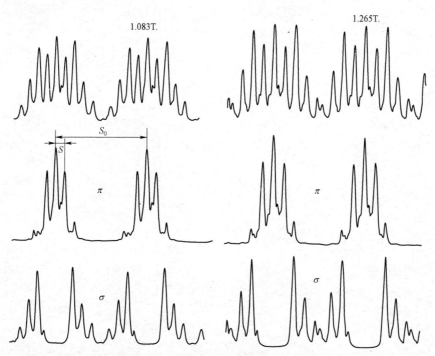

图 2－15　汞原子的 5 461 Å 塞曼分裂扫描曲线

用特斯拉计测定塞曼分裂时的相应磁场 B，而从原子物理得知

$$\Delta\lambda = (m_2g_2 - m_1g_1) \cdot \frac{\lambda^2 B}{4\pi c} \cdot \frac{e}{m_e} \qquad (2-35)$$

将测得的 $\Delta\lambda$ 和 B 代入式（2–35）计算电子的荷质比 e/m_e。

注意事项

（1）调整 F–P 标准具的 3 个调平行螺丝钮时，应有目的地缓慢转动，如果发觉阻力加大，不得继续向该方向转动。

（2）保护数码相机和 F–P 标准具。特别要保护镜头，不得以任何方式接触镜头，严禁用任何方式擦镜头。

（3）光路调整要仔细，必须调到图像清晰，环显示锐利，亮度均匀。

思考题

1. 缩小 F–P 标准具的利用面积有利于提高细度和分辨率，与此同时会带来什么不利？对于亮度高、束径小的激光束，这种不利的程度如何？

2. 标准具的干涉环中心位置取决于什么？如何调整光源、透镜和 F–P 标准具的方位，使干涉图中心有最大光强？

3. 你认为本实验中各测定量（可着重深入讨论一个量）的误差可能来自什么原因？误差大约会有多大？

第 **3** 部 分

X 射线衍射实验

基 础 知 识

1895 年 11 月伦琴（Wilhelm Konrad Róntgen，1845—1923）发现了一种穿透力很强的射线，当时称为伦琴射线，它能够透过人体显示骨骼和显示薄金属中的缺陷，因此很快用于医学和金属探测等方面。因为当时无法确定这种新射线的性质，伦琴把它称为 X 射线。1912 年劳埃（Max von Laue，1879—1960）等人做了一个著名的实验——劳埃衍射实验，才从晶体衍射的新发现中确定 X 射线是频率极高的电磁波。X 射线的发现是科技史上的重大事件。1901 年伦琴因发现以他的名字命名的射线所作的杰出贡献获得首届诺贝尔物理学奖。1914 年劳埃因发现晶体衍射获得贝尔物理学奖。1915 年布拉格父子（Sir William Henry Bragg，1862—1942；Sir William Lawrence Bragg，1890—1970）因在 X 射线晶体结构分析所作的贡献同获诺贝尔物理学奖。一个世纪以来，X 射线的应用对人类生活质量的提高及科学技术的进步有着很大影响。伦琴发现 X 射线后，X 射线马上被应用到医学等方面。而劳埃实验开创了 X 射线晶体学的新领域。20 世纪 40 年代，X 射线衍射仪的出现，使得人们可以较方便地完成多晶物体的微观结构分析。随着电子技术的发展，特别是微型计算机的广泛应用，X 射线衍射仪实现了测量及分析的自动化、智能化，使人们摆脱了复杂的计算、繁复的查表等工作。目前 X 射线衍射仪在材料科学、地质学、矿物学、金属学等领域得到广泛的应用。

本部分有两个实验：用 X 射线衍射法测定已知样品的晶格形式和晶格常数；分析未知材料的晶体结构，得到其物相，确定其成分和名称。

1. 射线的产生和 X 射线谱

X 射线可以通过不同的途径获得，但为了得到具有足够强度而可供实验用的 X 射线，通常以高速运动的电子去轰击某种金属（即所谓"靶"）的方式产生。具体装置是：在一个高真空的绝缘管内封入两个电极，阴极通过加热产生自由电子，阳极即作为靶。当在两极之间加一个很高的电压（管电压，20～60 kV）时，阴极附近的电子在管电压的电场驱使下，向阳极作加速度运动而形成一束电子流（管电流），最后到达阳极并轰击靶，从而产生 X 射线。

X 射线是一种波长为 0.001～10 nm 的电磁波。用于晶体分析方面的 X 射线波长通常介于 0.05～0.25 nm 之间。X 射线有白色射线和特征射线之分。白色射线为一连续光谱，

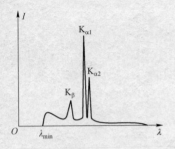

图 3-1　X 射线光谱示意图
（谱线宽度未按比例）

它是从某一最小值 $\lambda_{\min}$（短波限）开始的一系列连续波长的辐射，如图 3-1 所示。特征射线为线光谱，它由若干相互分离的谱线组成，每条谱线都有特定的波长且不连续。

白色射线是由于高能电子束撞击靶，发生各种不同的减速运动，因此产生波长连续变化的电磁辐射。白色射线的短波限可以用量子理论解释：光量子的最大能量 $h\nu_{\min}$（$\nu_{\min}$ 为短波限对应的频率）等于电子加速运动到靶时的能量（eV）

$$h\nu_{\min} = hc/\lambda_{\min} \tag{3-1}$$

当管电压超过某一临界值时，高速电子的动能将激发靶原子内层电子，产生数条波长一定的、强度很大的特征谱线。

特征发射谱要用量子理论解释。高速电子撞击靶时其动能将原子内层能级的电子电离，形成空位，较外层的电子填补空位，原子的能量降低，并以 X 射线光子辐射的形式放出能量。

如图 3-2 所示，当原子 K 层电子被激发后，外层电子跃迁到 K 层空位，产生 K 系特征谱线。其中 L 层、M 层和 N 层跃迁到 K 层分别辐射出 K_α、K_β 和 K_γ 谱线。K_γ 谱线很弱，K_β 与 K_α 谱线强度比平均为 1/5 左右。X 射线衍射实验使用的是 K_α 谱线。K_α 谱线又分为 $K_{\alpha 1}$ 和 $K_{\alpha 2}$ 两条谱线，衍射仪滤掉大部分连续谱和 K_β 谱线。常用铜靶的 $\lambda_{K_{\alpha 1}} = 15.405\,1$ nm，$\lambda_{K_{\alpha 2}} = 15.443\,3$ nm。加权平均后，$\lambda_{K_\alpha} = 15.42$ nm。

图 3-2　K 系列 X 射线能级图

K 系 X 特征谱线的强度与管电流和管电压的关系为

$$I_K = k\,i(U - U_K)^n \tag{3-2}$$

式中：k 为比例常数；i 为管电流；U 为管电压；U_K 为 K 系激发电压；n 为常数，为 1.5～1.7。

以铜靶为例，$\lambda_{K_\alpha} = 15.42$ nm，$\lambda_{K_\beta} = 13.9$ nm，工作管电压 U 通常为激发电压 U_K 的 3～5 倍。管电压为 30 kV 时，辐射中的 K_α 谱线强度约为与其相邻的连续光谱强度的 90 倍，并且其谱线宽度非常窄，半高宽不到 0.01 nm。因此，经过滤波片滤掉 K_β 谱线，就可以得到适用于 X 射线衍射的单色辐射 K_α 谱线。如果使用单色器，滤波效果更好，可以得到 $K_{\alpha 1}$ 谱线，显著提高了衍射峰的分辨力。

X 射线的探测主要有荧光屏法、照相法和使用探测器等方法。X 射线衍射分析技术通常采用照相法和闪烁探测器接收经过晶体衍射的 X 射线。本部分实验所用的 X 射线衍射仪采用的是闪烁探测器，原理请参见本书实验 3.1 的有关内容。

2. 晶体学的有关概念

晶体是原子或分子规则排列的固体，是微观结构具有周期性和对称性的固体，是可以用点阵描述的固体。单晶体展现出璀璨晶莹的外貌和其他特性正是其微观周期性和对称性的宏观体现。

1）点阵、晶格和晶胞

研究晶体时，常将构成晶体的原子或分子抽象为一组具有某种固定空间位置关系的点，这些点按周期排列，具有空间周期性，称为空间点阵。点阵中的各结点用想象的三组平行线相连，形成许多网格，称为晶格。

在点阵中，选取不同的位置的结点可连接成一些大小、形状各不相同且反映结构特征的最小单元，这是一些小的平行六面体，称为晶胞。晶胞中既能反映整个晶格的对称性而体积又是最小的称为单位晶胞，如图 3-3 所示。为方便起见，通常所称"晶胞"均指单位晶胞。

在一个点阵中，所有晶胞（指单位晶胞，下同）都是相同的。为了描述一个晶胞，可把它的一个角（结点）作为原点，沿交于原点的 3 条棱线分别画出 3 个向量：a、b、c 即可。这 3 个向量可以确定晶胞，为晶胞向量（晶胞轴）。3 个晶胞向量之间的夹角用 α、β、γ 来表示。a、b、c 和 α、β、γ 为晶胞的 6 个参数，称为晶格常数，其中 a、b、c 为晶胞向量的长度。

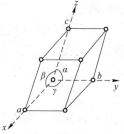

图 3-3　单位晶胞

2）晶系和布拉维空间格子

根据空间点阵共有 7 种不同的对称类型，它们与 7 个晶系相对应。再根据结点在晶胞中的分布形式又可分为简单格子、底心格子、面心格子和体心格子。在晶体中只能有 14 种不同的空间格子形式，如表 3-1 所示。这是法国学者布拉维（Auguste Bravais，1811—1863）于 1855 年最终归纳确定的。

表 3-1　晶系和布拉维空间格子

晶系	晶轴长度关系	晶轴夹角	布拉维空间格子
立方晶系	$a=b=c$	$\alpha=\beta=\gamma=90°$	简单　体心　面心
四方晶系	$a=b\neq c$	$\alpha=\beta=\gamma=90°$	简单　体心
正交晶系	$a\neq b\neq c$	$\alpha=\beta=\gamma=90°$	简单　体心　底心　面心
三方晶系	$a=b=c$	$\alpha=\beta=\gamma\neq90°$	简单
六方晶系	$a=b\neq c$	$\alpha=\beta=90°，\gamma=120°$	简单
单斜晶系	$a\neq b\neq c$	$\alpha=\gamma=90°，\beta\neq90°$	简单　底心
三斜晶系	$a\neq b\neq c$	$\alpha\neq\beta\neq\gamma\neq90°$	简单

3）晶面指数和晶面间距

空间点阵的结点可形成一族平行等间距的平面，这样的平面有众多取法，称为晶面。晶面通常用晶面指数来表示，方法如下。

（1）以晶胞轴长度为单位表示该晶面与 3 个晶胞轴 a、b、c 的截距，这样就会得出与给定点阵的特定轴长无关的数值。设晶面 ABC，与 3 个晶胞轴的实际截距分别为 pa、

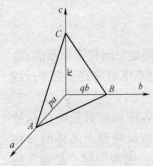

图 3-4 晶面指数

qb、rc，这里 a、b、c 分别为 3 个晶胞轴的长度，p、q、r 为以晶胞轴长度为单位的晶面截距，如图 3-4 所示。

（2）为避免当晶面与晶胞轴平行时引用"∞"来描述晶面方向，所以采用截距的倒数 $1/p$、$1/q$、$1/r$，并将其化简为 3 个互质的数（hkl），这就是晶面指数，也称密勒指数。

（3）当晶面与某晶胞轴平行时，其晶面指数的对应位为零。

（4）在一族晶面中，其中必有一个晶面通过原点。因此，晶面指数（hkl）所指的是其中与原点最近的一个晶面，但它代表的是该晶面族中所有晶面。

一族晶面中两个相邻晶面之间的距离称为晶面间距。晶面族的晶面间距用 d_{hkl} 表示。晶面指数越小，晶面间距越大，并且具有较高的结点密度。晶面间距是 X 射线衍射实验的主要被测量。

晶面间距为晶面指数（hkl）和晶格常数（a、b、c 和 α、β、γ）的函数，其确切关系由所涉及的晶系决定。在立方晶系中，晶面间距为

$$d_{hkl} = \frac{a}{\sqrt{h^2 + k^2 + l^2}} \tag{3-3}$$

式中：a 为立方晶胞的棱长。

3. 多晶 X 射线衍射的基本原理

晶体点阵上的格点，按一定的对称规律周期地重复排列在空间 3 个方向上。当射线投射到晶体上时，按照惠更斯原理，所有点阵成为次级子波的波源，向各方向发射散射波。

首先考虑单层晶面网的情况。一定波长的射线，入射到某一晶面上，由于晶面上各结点的散射波干涉的结果，只有出射角和掠射角相等的方向才有反射波出现，也就是反射射线的方向和镜面反射的情况相同。再考虑晶面族的情况（如图 3-5 所示）。射线的粒子，被相邻两晶面中的原子或离子散射叠加时，两晶面反射线的光程差为

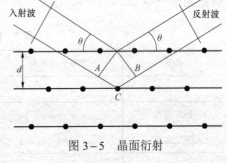

图 3-5 晶面衍射

$$AC + CB = 2d \cdot \sin\theta \tag{3-4}$$

显然，只有满足下述条件

$$2d \cdot \sin\theta = n\lambda \tag{3-5}$$

时，才可能有反射射线出现。其中 d 为晶面间距，θ 为入射线与反射晶面之间的夹角，叫作掠射角，n 为一整数，叫作反射级次。

式（3-5）就是著名的布拉格公式，它是产生反射的必要条件。

在多晶 X 射线衍射实验中，将 X 射线束照射到一个多晶样品上，在反射方向用一个 X 射线探测器接收反射线。所谓多晶体就是物体由许多微小的晶粒组成，这些微小晶粒的空间取向呈无规分布，每个微小晶粒一般由数十个或数百个晶胞所组成。在入射线照射的区域内，多晶样品中可有大量同种晶体的微小晶粒，而且这些晶粒的排列是杂乱无章的，它们在空间

具有各种可能的不同取向；每一晶粒又都有许多晶面族，例如（100）、（110）、（111）等，它们以各种角度与入射 X 射线相交。由于照射的区域有众多的微小晶粒，对于任意一个晶面族，总会找到若干微小晶粒，它们的（hkl）晶面族与入射 X 射线所成的交角（掠射角）为某一适当的 θ 值，恰好能满足布拉格公式，从而可能产生反射。

决定各晶面族的衍射线强度的因素主要有结构因子和多重性因子，前者和晶体所含原子的种类有关，后者由晶体固有的对称性决定。

前面讲到布拉格公式只是产生反射的必要条件，也就是说，满足布拉格公式时并不一定产生反射。任何一个复杂的晶体结构，在形式上总是可以把它分解成为若干套单原子的空间点阵式结构，它们都具有相同的重复周期，而且彼此平行地穿插在一起。对于每一套这样的结构而言，它们所产生的衍射线方向完全相同，但这些衍射波的振幅可以不同或相同，且彼此间存在光程差。它们互相干涉的结果，将导致合成波的振幅发生变化，即衍射线强度会有变化。在某些特定的条件下，在特定的方向上，由于这种互相干涉的结果，可以使合成波的振幅恰好等于 0。这就意味着，满足布拉格公式而应该出现衍射线的方向上，由于其强度为零而实际上已没有衍射线存在了。这一现象称为衍射系统消光。根据衍射系统消光情况可以推算出样品的晶格形式。

在不使用单色器的情况下，由于 K_α 谱线的双峰结构，一个晶面族将产生两个紧连在一起的衍射峰。在 θ 角较大（高角区）时仪器可以分辨，衍射曲线显示双峰。双峰中 θ 较小的峰的幅度约为 θ 较大的峰的 2 倍，它是 $K_{\alpha 1}$ 谱线产生的衍射，θ 较大的峰显然是 $K_{\alpha 2}$ 谱线产生的衍射。在计算晶面间距 d 时，显示双峰，则要用 $K_{\alpha 1}$ 谱线的波长。如果分辨不出双峰，则用 K_α 谱线的波长。

4. X 射线衍射仪的原理及结构

X 射线衍射仪是获得衍射强度随掠射角的分布曲线及数据的大型精密仪器，如图 3-6 所示。仪器由 X 射线发生器、测角计、探测器和计算机等组成。

X 射线发生器提供衍射所需的高稳定度的标识 X 射线，主要包括高压电源、控制电路和 X 射线管等。

测角计是衍射仪的心脏。它通过旋转样品台使探测器位于样品衍射射线的出射角方向。由几何关系可知，若入射线方向不变，以入射方向为 0°，如样品表面和入射线成 θ 角（掠射角），而探测器位于 2θ 角方向，就可以满足镜面反射条件。当测角计以 1:2 的速度旋转样品台和安装探测器的旋转臂时，衍射仪就可以测出 $\theta - I$（衍射强度）曲线。在 θ 角满足布拉格公式的位置将可能出现衍射峰，每一个衍射峰对应一族晶面。由于射线波长是已知的，根据布拉格公式将各峰位的 θ 换算为晶面间距 d，找到其中最强衍射峰 I_1，再将其他峰强度 I 换算为 I/I_1，得到衍射强度分布曲线及数据。

探测器用于探测衍射射线的强度，常用闪烁计数器，并配有放大器及单道脉冲幅度分析器等电路。

计算机用于控制仪器的各种操作、数据处理和输出、保存实验结果，并可安装衍射数据文件等软件，以便对衍射资料进行分析。

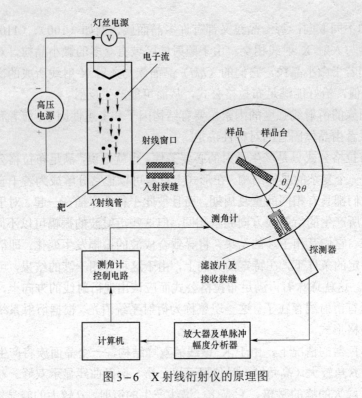

图 3－6　X 射线衍射仪的原理图

实验 3.1　晶格常数测量

实验目的

（1）了解 X 射线衍射技术的基本原理和方法。

（2）了解晶体指标化的概念。

（3）掌握立方晶系晶格常数的测定。

实验原理

通过被测样品的 $\theta-I$ 曲线，根据各衍射峰的位置，由布拉格公式得到一组晶面间距。欲求晶胞的大小，先要知道每个晶面族的晶面指数（hkl）和晶面间距 d_{hkl}。确定各个 d_{hkl} 对应的晶面指数（hkl），即每个衍射峰是由什么晶面衍射产生的，这个过程称为衍射曲线的指标化。对一般晶系的指标化是极其困难的，而对立方晶系并无困难。

本实验的样品为立方晶系。下面讨论立方晶系的指标化。

由

$$d_{hkl}=\frac{a}{\sqrt{h^2+k^2+l^2}}\qquad(3-6)$$

及布拉格公式可得

$$\sin\theta = \frac{\lambda}{2a}\sqrt{h^2 + k^2 + l^2} \qquad (3-7)$$

式中：a 为晶胞棱长，即立方晶系的晶格常数。

将各衍射峰的 θ 从小到大依次排列成 θ_1，θ_2，$\cdots$，θ_n，求比值 $\sin^2\theta_i{:}\sin^2\theta_j$

$$\frac{\sin^2\theta_i}{\sin^2\theta_j} = \frac{\left(\dfrac{\lambda}{2a}\sqrt{h_i^2 + k_i^2 + l_i^2}\right)^2}{\left(\dfrac{\lambda}{2a}\sqrt{h_j^2 + k_j^2 + l_j^2}\right)^2} = \frac{h_i^2 + k_i^2 + l_i^2}{h_j^2 + k_j^2 + l_j^2}$$

那么

$$\sin^2\theta_1 : \sin^2\theta_2 : \cdots : \sin^2\theta_n$$
$$= (h_1^2 + k_1^2 + l_1^2) : (h_2^2 + k_2^2 + l_2^2) : \cdots : (h_n^2 + k_n^2 + l_n^2) \qquad (3-8)$$

立方晶系共有 4 种结构，即简单立方、体心立方、面心立方和金刚石立方。金刚石立方不是 14 种基础晶格之一，是由一个原点为（0，0，0）与另一个原点为（1/4，1/4，1/4）的两个面心立方叠套而形成的。由于存在衍射系统消光现象，一些晶面族的衍射强度为 0，即在一些 θ 满足布拉格公式时没有出现衍射峰。因此

简单立方：$\sin^2\theta_1 : \sin^2\theta_2 : \cdots : \sin^2\theta_n = 1:2:3:4:5:6:8:9:11:12:13:14:16\cdots$

体心立方：$\sin^2\theta_1 : \sin^2\theta_2 : \cdots : \sin^2\theta_n = 2:4:6:8:10:12:14:16\cdots$

面心立方：$\sin^2\theta_1 : \sin^2\theta_2 : \cdots : \sin^2\theta_n = 3:4:8:11:12:16:19:20\cdots$

金刚石立方：$\sin^2\theta_1 : \sin^2\theta_2 : \cdots : \sin^2\theta_n = 3:8:11:16:19\cdots$

由以上各式即可确定被测样品的晶格形式，再根据表 3-2 查出相应晶面的晶面指数（klh）。

表 3-2　晶面指数

hkl	100	110	111	200	210	211	220	221 300	310	311
$h^2+k^2+l^2$	1	2	3	4	5	6	8	9	10	11
面心立方			—				—			—
体心立方		—		—		—	—		—	
金刚石立方			—				—			—

hkl	222	320	321	400	322 410	330 411	331	420	421	332
$h^2+k^2+l^2$	12	13	14	16	17	18	19	20	21	22
面心立方	—			—			—	—		
体心立方	—			—		—		—		—
金刚石立方				—			—	—		

有 "—" 者为出现衍射峰的晶面指数。简单立方不存在衍射系统消光现象，不必列出。

实验装置

衍射仪：Y3 衍射仪改进型，闪烁探测器，步进电动机控制测角计，X 射线管（铜靶）。

计算机：奔腾 2 微机一台，安装 DX98 软件。

样品：硅粉晶样品。所谓粉晶就是将单晶研磨成微小的晶粒，样品由无数这样的微小晶粒制备，其取向各异，衍射情况与多晶样品相同。

实验步骤

（1）阅读、熟悉 X 射线衍射仪操作规程，熟悉仪器，熟悉计算机操作界面。

（2）制备、安装样品。

（3）按照操作规程打开 X 射线衍射仪，射线管工作高压为 30 kV，工作电流为 20 mA。

（4）用计算机操作衍射仪。进入衍射仪操作界面，设定有关选项。其中起始角度（2θ）设置为 20°，终止角度为 60°。扫描速度设置为 2°/min。开始扫描。

（5）扫描结束后，进入衍射曲线处理界面。对衍射强度曲线进行平滑等处理，寻找出各衍射峰（寻峰）。记录各衍射峰的 θ 角和强度 I。

（6）关机。

数据处理

（1）以表格的形式列出各 θ、I、I/I_1、d_{hkl}、$h^2+k^2+l^2$ 和（klh）等。

（2）计算 $\sin^2\theta_1:\sin^2\theta_2:\cdots:\sin^2\theta_n$，确定晶格形式。

（3）根据各晶面的数据求出晶格常数 a 及其不确定度。

注意事项

（1）遵守衍射仪操作规程。

（2）衍射仪工作时要监视电压表、电流表，如出现摆动或偏离设定值（30 kV，20 mA）要立即报告指导教师并按操作规程关机。

（3）开衍射仪前要打开冷却水，衍射仪工作时要保证冷却水通畅，如遇断水，要立即停机。关机后 5 min 后再关冷却水。

（4）扫描时要关上防护窗，防止射线照射人体。

考题

1. 本实验是否可用单晶样品？为什么？

2. 晶格常数的测量精度和哪些因素有关？如何提高测量精度？

实验 3.2　用 X 射线衍射法进行物相分析

实验目的

（1）加深了解 X 射线衍射技术的基本原理和方法。

（2）学习用 X 射线衍射法分析单相物质。

实验原理

根据晶体对 X 射线的衍射特征——衍射线的方向（即掠射角）及其强度，来鉴定结晶物质的物相的方法，就是 X 射线物相分析法。本实验只对单一物相进行物相定性分析。

在众多以晶体形式存在的物质中，因晶格形式、晶格大小或晶体所含的原子不同，可以认为所有以晶体形式存在的物质的晶体结构都是互不相同的，因此它们的衍射花样也是互不相同的。当 X 射线照射晶体时，每一种结晶物质都有自己独特的衍射花样，它们的特征可以用各晶面族的晶面间距 d 和相对衍射强度 I/I_1 来表征，其中 I_1 是最强衍射峰。任何一种结晶物质的衍射数据即 $d-I/I_1$ 曲线（衍射强度分布曲线）都是其晶体结构的必然反映，因此可以根据它们来鉴别结晶物质的物相。

100 多年来，人们对众多结晶物做了大量研究，积累了丰富资料，收集了数十万种结晶物的衍射数据，编成档案，近年来又做成了计算机软件。目前最具权威的衍射数据资料为粉末衍射标准联合委员会（JCPDS）出版的 *Powder Diffraction File*（PDF）。当进行物相分析时，只要得到某一结晶物样品的衍射数据，再将此数据与 PDF 中标准物质的衍射数据相比较，找到相吻合者，这就表明样品和该标准物质是同一种物相。

PDF 卡片已有计算机检索系统，使用方便，但价格较贵。

实验装置

衍射仪：Y3 衍射仪改进型，闪烁探测器，步进电动机控制测角计，X 射线管（最大功率 1.2 kW）。

计算机：奔腾 2 微机一台，安装 DX98 软件。

实验内容

对未知样品进行物相定性分析，确定它是哪种结晶物。

实验步骤

（1）熟悉仪器操作规程、注意事项，了解各功能的意义。

（2）制备样品。

（3）测量样品，得到衍射强度分布曲线及衍射数据。

（4）用 PDF 卡片鉴定样品，详见本实验的"PDF 卡片的使用"内容。

数据记录与处理

实验报告应具备：

（1）实验条件，如管电流、管电压和扫描速度等。

（2）衍射数据，包括所有衍射峰的 I、θ 等。

（3）记录 PDF 卡片的检索过程，并记录有关本实验数据与卡片中数据的误差。

PDF 卡片的使用

要找到样品所对应的标准物质卡片，必须利用卡片索引。索引分为数字索引（Hanawalt，

J.D.）和字母索引（Davey，W.T.）两种。当对未知物相可能的化学成分全然不知时应采用数字索引，这也是本部分实验的情况。

在数字索引中，每一个标准衍射花样是以 8 条最强线的 d 值和相对强度来表征的，即首先在 $2\theta < 90°$ 的线中选 3 条最强线，假设它们的 d 值分别为 $d(A)$、$d(B)$、$d(C)$，序号 A、B、C 指示强度降低的顺序，然后除这 3 条最强线之外，再选 5 条最强线按相对强度由大到小排序，由 D～H 指示，取如下 3 种排列：

$d(A)$ $d(B)$ $d(C)$ $d(D)$ $d(E)$ $d(F)$ $d(G)$ $d(H)$

$d(B)$ $d(C)$ $d(A)$ $d(D)$ $d(E)$ $d(F)$ $d(G)$ $d(H)$

$d(C)$ $d(A)$ $d(B)$ $d(D)$ $d(E)$ $d(F)$ $d(G)$ $d(H)$

作为索引中同一衍射花样的 3 个"项"。在选线时若有相对强度相等的线，d 值大的序号排到前面，若不足 8 条线，索引中以 0 填补空缺。

各个项在索引中的排序，由每个项的前两个 d 值来决定。在整个索引中，把从 999.99 到 1 Å 的 d 值范围划分成 51 个区间。各个项按其第一个 d 所属区间归入相应的组。同组中各项的排序按第二个 d 值从大到小排列。

使用数字索引和 PDF 卡片进行单质物相鉴定的步骤如下。

（1）衍射数据中最强线的 d 作为 d_1，在数字索引中找到所属的组，再根据 d_2 及 d_3 找到其中的项。

（2）较此项中的前 3 条线，其相对强度是否与被测物质基本一致。若基本一致，则可初步断定未知物质是卡片中所载的这种物质。

（3）从卡片集中找到所需卡片。

（4）将卡片上全部线条的 $d-I/I_1$ 值与未知物质的 $d-I/I_1$ 相比较。如完全符合，则可确定所测物质就是卡片所载的物质。

思考题

怎样对多相物质（样品中具有两种或以上成分）用 X 射线衍射法进行物相定性分析？怎样定量分析样品中某种成分的含量（X 射线衍射法物相定量分析）？

参考文献

［1］柯列迪.X 射线金属学［M］. 冯根源，译. 北京：中国工业出版社，1965.

［2］南京大学地质系矿物岩石学教研室. 粉晶 X 射线物相分析［M］. 北京：地质出版社，1980.

［3］MORRIS M C. Powder Diffraction Data. U.S.A：Joint Committee On Powder Diffraction Standards，1976.

［4］CPDS. Powder Diffraction File Search Manual. U.S.A：JCPDS.

第 **4** 部 分

磁共振实验

实验 4.1　电子自旋共振

　　电子自旋共振（ESR）也称为电子顺磁共振（EPR），是处于恒定磁场中的电子自旋磁矩在电磁场作用下发生的一种磁能级间的共振跃迁现象。由于这种磁共振现象只能发生在原子的固有磁矩不为零的顺磁材料中，所以称电子顺磁共振；因为分子和固体中的磁矩主要是电子自旋磁矩的贡献，所以又称为电子自旋共振。电子自旋的概念是著名物理学家泡利（Wolfgang Pauli，1900—1958）于 1924 年研究反常塞曼效应时首先提出的，他通过计算发现，满壳层的原子实际应具有零角度的动量，因此他断定反常塞曼效应的谱线分裂只是由价电子引起的，而与原子核无关，显然价电子的量子论性质具有"二重性"，接着他提出了著名的泡利不相容原理。1945 年泡利因发现泡利不相容原理而获诺贝尔物理学奖。

　　由于电子自旋磁矩远大于核磁矩，所以电子自旋共振的灵敏度要比核磁共振高得多。在微波和射频范围内都能观测到电子自旋共振现象。

　　电子自旋共振的主要研究对象是化学上的自由基、过渡金属离子和稀土元素离子及其化合物、固体中的杂质和缺陷等。通过对电子自旋共振谱图的分析可以得到材料微观结构的许多信息。

实验目的

　　（1）在弱磁场（1 mT 量级）下观测电子自旋共振现象。测量 DPPH 样品的 g 因子和共振线宽。

　　（2）了解电子自旋共振等磁共振实验的原理和测量方法，熟悉磁共振技术。

实验原理

1. 原子中电子的轨道磁矩和自旋磁矩

1）电子的轨道磁矩

　　由经典电磁学可知，一个载流线圈会产生一个磁矩 $\boldsymbol{\mu}$，如图 4–1（a）所示，它可表示为

$$\boldsymbol{\mu} = iS\boldsymbol{n}_0$$

式中：i 为电流；S 为线圈所围的面积；$\boldsymbol{n}_0$ 为垂直于该面积的单位矢量。那么，原子中电子绕原子核旋转也有一个磁矩，如图 4-1（b）所示，当电子绕核旋转的圆周频率为 f，轨道半径为 r，则磁矩为

$$\boldsymbol{\mu}_L = iS\boldsymbol{n}_0 = -ef\pi r^2\boldsymbol{n}_0 = \frac{-ev}{2\pi r}\pi r^2\boldsymbol{n}_0 = -\frac{e}{2m_{\mathrm{e}}}m_{\mathrm{e}}vr\boldsymbol{n}_0 = -\frac{e}{2m_{\mathrm{e}}}\boldsymbol{L}$$

式中：e 为电子电量；v 为电子的运动速度；m_{e} 为电子质量；$\boldsymbol{L}$ 为电子轨道的角动量。

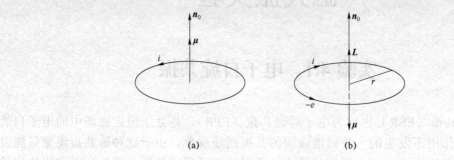

(a)   (b)

图 4-1 电子轨道运动示意图

记

$$\gamma = \frac{e}{2m_{\mathrm{e}}}$$

则

$$\boldsymbol{\mu}_L = -\gamma\boldsymbol{L} \tag{4-1}$$

根据角动量量子化条件

$$L = \sqrt{l(l+1)}\hbar$$

式中：l 为角量子数；$\hbar$ 为约化普朗克常量。因此，电子的轨道磁矩的大小为

$$\mu_L = -\sqrt{l(l+1)}\frac{e\hbar}{2m_{\mathrm{e}}} = -\sqrt{l(l+1)}\mu_{\mathrm{B}} \tag{4-2}$$

式中：μ_{B} 为玻尔磁子，是电子轨道磁矩的最小单元。

$$\mu_{\mathrm{B}} = \frac{e\hbar}{2m_{\mathrm{e}}} = 9.27\times10^{-24}\ \mathrm{J\cdot T^{-1}}$$

如果原子处在磁场中，需要讨论电子轨道平面的方向，定磁场 $\boldsymbol{B}$ 的方向为参考方向（z 方向）。引入量子化条件

$$L_z = m\hbar$$

式中：L_z 为角动量在 z 方向的投影；m 叫作磁量子数。电子的轨道磁矩在 z 方向的投影为

$$\mu_z = -\gamma L_z = -\frac{e}{2m_{\mathrm{e}}}m\hbar = -m\frac{e\hbar}{2m_{\mathrm{e}}} = -m\mu_{\mathrm{B}} \tag{4-3}$$

1925 年，两位年轻的荷兰学生，乌仑贝克（L. E. Uhlenbeck）和古兹米特（S. Goudsmit）根据一系列实验事实提出了：电子不是点电荷，它除了轨道角动量外，还有自旋运动，它具有固定的自旋角动量

$$S = \sqrt{s(s+1)}\hbar, \quad s = \frac{1}{2}$$

式中：s 叫作自旋量子数，它在 z 方向的分量只能有两个

$$S_z = m_s\hbar = \pm\frac{1}{2}\hbar, \quad m_s = \pm\frac{1}{2}$$

2）朗德因子 g

由于电子自旋产生的磁矩，应该和式（4-2）、式（4-3）类似

$$\begin{cases} \mu_s = -\sqrt{s(s+1)}\mu_B = -\frac{1}{2}\sqrt{3}\mu_B \\ \mu_{s,z} = -m_s\mu_B = \mp\frac{1}{2}\mu_B \end{cases} \tag{4-4}$$

但这两个式子与各实验结果不符。于是，乌仑贝克和古兹米特进一步假设：电子磁矩为一个玻尔磁子，为经典数值的 2 倍

$$\begin{cases} \mu_s = -\sqrt{3}\mu_B \\ \mu_{s,z} = \mp\mu_B \end{cases} \tag{4-5}$$

这个假设与实验结果吻合，最终与电子自旋的概念一起由狄拉克的相对论量子力学严格导出。

为了使式（4-2）和式（4-3）在原子体系中普遍适用，能够得到任意角动量 j 产生的磁矩，定义朗德因子 g_j

$$\begin{cases} \mu_j = -\sqrt{j(j+1)}\,g_j\,\mu_B \\ \mu_{j,z} = -m_j g_j \mu_B \end{cases} \tag{4-6}$$

式中：磁量子数 $m_j = j, j-1, \cdots, -j$。

当只考虑轨道角动量时，$j=l$，$g_l=1$。当只考虑自旋角动量时，$j=s$，$g_s=2$，精确测量得到 g_s 的公认值，$g_s = 2.0023$。

轨道角动量与自旋角动量二者的合成（L-S 耦合）即为单电子原子的总磁矩

$$\boldsymbol{\mu}_j = g_j \frac{e}{2m_e}\boldsymbol{L}_j \tag{4-7}$$

其中 g_j 因子为

$$g_j = 1 + \frac{j(j+1) - l(l+1) + s(s+1)}{2j(j+1)} \tag{4-8}$$

式中：j 为 L-S 耦合总角动量量子数，$j=l+s$。对于一个电子自旋产生的磁矩，以 $l=0$，$s=1/2$，$j=l+s=1/2$ 代入式（4-8），可以得到 $g_j=2$。

对于一个原子，应把原子中所有电子的贡献都加起来。式（4-8）虽然只考虑了单个电子，但是，对于原子序数为奇数的大多数原子，所有偶数部分的电子角动量都双双抵消掉，最终只剩下了一个单电子，式（4-8）依然有效。对于另外一些原子，对原子角动量有贡献的电子不止一个，在大多数情况下，只要把式中的 s、l 改为 S、L，式（4-8）仍适用。S、L 是各有贡献的电子合成的总自旋及总的轨道角动量对应的量子数。

2. 电子自旋共振

将具有未成对电子的物质（顺磁物质）放到磁场 B（静磁场）中，就会发生因电子自旋磁矩与这个磁场相互作用而产生的塞曼分裂，裂距为

$$\Delta E = g\mu_{\mathrm{B}}B \tag{4-9}$$

如果在垂直于磁场 B 的方向加上一个频率为 ν 的高频电磁波，当电磁波的能量与塞曼裂距相匹配时，即满足

$$h\nu = g\mu_{\mathrm{B}}B \tag{4-10}$$

时，就会发生被测物质从高频电磁波吸收能量的现象，称为电子顺磁共振（EPR），由于顺磁性的起因是电子自旋，因此又称为电子自旋共振（ESR），如图 4-2 所示。式（4-10）就是实现 ESR 的磁共振条件，一般将满足磁共振条件的磁场 B 记作 B_0。

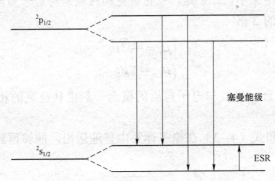

图 4-2 塞曼能级和电子自旋共振

3. 弛豫过程与共振线宽

在热平衡时，上下能级的粒子数的关系服从玻尔兹曼分布

$$N_2 \big/ N_1 = \exp\left(-\frac{\Delta E}{kT}\right) \tag{4-11}$$

式中：k 为玻尔兹曼常量。由于磁能级间距很小，$\Delta E \ll kT$，因此

$$N_2 \big/ N_1 = 1 - \frac{\Delta E}{kT} \tag{4-12}$$

由于 $\Delta E/kT < 1$，下能级的粒子数仅比上能级的稍多。由式（4-9）和式（4-12）可知，磁场 B 越强，温度越低，则粒子差数越大，共振信号越强。

发生共振且从高频电磁波吸收能量后，粒子受激跃迁，上下能级上的粒子差数随时间按指数规律减少，在高频电磁波持续作用下，差数趋于零，这时样品不再吸收能量，达到饱和。而同时，上能级的粒子不断无辐射跃迁到下能级，粒子数目按能级的分布又会自动恢复到原来的平衡态，这个过程称为弛豫过程，这种跃迁是热弛豫跃迁，所经历的时间叫弛豫时间。

弛豫过程包括两种情况。一种是热弛豫过程，系统将能量传给晶格，使粒子数回到热平衡分布，它与受激辐射达到动态平衡，使粒子差数稳定在某一新的数值上。这种情况称为自旋-晶格弛豫，自旋-晶格弛豫时间记作 T_1。另一种弛豫过程来源于样品中自旋粒子与相邻

的自旋粒子之间的相互作用，使样品中每一个自旋磁矩在垂直于 B 平面上的投影位置由有序变为无序，称为自旋–自旋弛豫，自旋–自旋弛豫时间记作 T_2。这样，实际的共振吸收就不会只取决于一个频率 ω（$2\pi\nu$），而是有一个频率范围，形成一个吸收峰。当高频电磁波不很强时，吸收谱线半宽度为

$$\Delta\omega = g\mu_B \Delta B = \frac{2}{T_2} \tag{4-13}$$

实验装置

1. 实验样品

对于许多原子来说，其固有磁矩不为零，可以产生顺磁共振现象。但它们结合成分子形成固体时，却往往失去固有磁矩。要研究电子自旋共振，只能选用具有未成对电子的特殊化合物。例如，化学上的自由基（分子具有一个未成对电子的化合物）、过渡金属离子、稀土元素及其化合物等。由于四周晶体场、L–S 耦合和 I–J 耦合的影响，g 因子的数值有一个较大的变化范围，给实际测量增加了难度。为了使测量较为容易，本实验选用了二苯基苦酸基肼基（DPPH）作为样品，其分子式为 $(C_6H_5)_2 N—NC_6H_2(NO_2)_3$，分子中的一个氮原子上有一个未成对的电子，形成自由基。它的 g 值与自由电子的 g 值非常接近。

2. 实验方法

为了利用示波器观测磁共振现象，往往采用调场法。首先调定一个射频频率 ν，再将外磁场分为稳恒磁场和扫场两部分，扫场为周期性信号，如正弦波或三角波，示波器 Y 轴接入检测信号，X 轴作为时基轴。调整稳恒磁场 B_D，当 B_D 接近 B_0 时，随着扫场的不断变化，在磁场 B（稳恒磁场与扫场叠加）满足式（4–10）的位置上将会出现磁共振吸收峰，当 B_D 等于 B_0 时，图形则显示一组等间距的吸收峰，如图 4–3 所示。另一种观测方法是，将扫场信号通过移相器接到 X 轴，当稳恒磁场 B_D 调整到 B_0 时，图形将出现左右位置对称的一对吸收峰。调节扫场移相，当 X 轴的信号与扫场相位相同时，两吸收峰在图形中间位置重合，如图 4–4 所示。值得注意的是，图中吸收峰画成双线，表示扫场正半周和负半周分别出现的吸收峰。

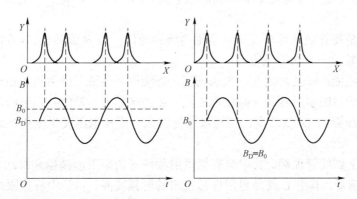

图 4–3　示波器 X 轴为时基轴时的扫场与吸收峰的关系

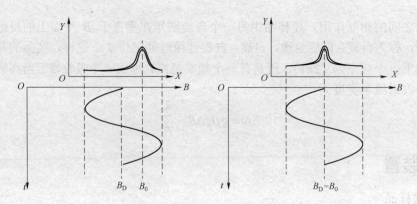

图 4-4　示波器 X 轴为扫场信号时的扫场与吸收峰的关系

实验装置的示意图如图 4-5 所示。

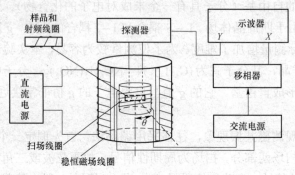

图 4-5　实验装置的示意图

外磁场：由稳恒磁场和扫场两部分组成。内部较小的螺线管通以 50 Hz 的交流电流，提供扫场，对外磁场进行调制。外部较大的螺线管通直流电流，提供稳恒磁场。螺线管中心（样品所在位置）的磁场强度为

$$B = 4\pi n I \times 10^{-7} \cdot \cos\theta \qquad (4-14)$$

式中：n 为线圈单位长度的匝数（匝/米）；I 为通过线圈的电流，通过调整 I 来改变磁场 B 的值；θ 为螺线管中心与边缘连线和轴线间的夹角，$\tan\theta = D/L$，其中 D 为线圈直径，L 为螺线管长度。

扫场的作用是使外磁场可以在一定范围内连续变化，当 B 满足式（4-10）时，产生磁共振，示波器上显示一个共振吸收峰。

样品和射频线圈：样品封闭在小玻璃管里，外绕射频线圈，产生高频电磁波，置于螺线管中央。通过射频线圈将射频场（高频电磁波）加到样品上，发生共振吸收时，由于样品吸收电磁波，射频线圈的 Q 值改变，使通过它的射频电流及电压发生变化，经电路检出送到示波器 Y 轴。

探测器：置于螺线管顶端。其中装有提供射频信号的边限振荡器和检测电路。边限振荡器是一个 LC 振荡器，其中 L 就是包括样品在内的射频线圈。实验中将边限振荡器调整到起振的边缘，使射频电磁波较弱。当出现磁共振现象时，样品吸收射频场的能量，使 LC 的 Q 值下降，导致 LC 振荡器振幅下降。再经检波、放大，把反映振荡器振幅大小变化的共振吸

收信号用示波器显示出来。

　　频率计用于测量射频频率；直流电源提供产生稳恒磁场的电流 I；交流电源提供扫场电流。扫场信号通过移相器接到示波器 X 轴，调整移相器使 X 轴的信号与扫场磁场同相。

实验内容及步骤

1. 观察磁共振信号

　　调整励磁电流 I 和边限振荡器，使示波器显示磁共振信号。熟悉仪器的调整。观察并思考共振吸收峰随 ν 及 I 的变化，以及沿 X 轴移动的情况。

2. 测量 DPPH 样品中电子的 g 因子

　　射频场以 $\Delta\nu = 0.3$ MHz 为间隔，在 $25 \sim 33$ MHz 内测量 $8 \sim 10$ 个频率点的 B_0［满足式（4−10）时的 B］。为了消除地磁场的影响，需要采用"倒号法"进行测量，即在每个频率点用两个方向的励磁电流 I_+ 和 I_- 各测量一次，用二者的平均值求 B。测量时示波器 X 轴可选用 t 或扫场信号。

　　用作图法和最小二乘法分别计算 g 因子，并计算其不确定度。

3. 测量共振线宽，估算弛豫时间 T_2

　　示波器 X 轴可选用扫场信号，调整边限振荡器频率，调整移相器使示波器 X 轴信号与扫场同相。测量 $\Delta\omega$ 对应的示波器格数，如图 4−6 所示。调整边限振荡器频率，观测共振峰随频率变化沿 X 轴移动的格数，确定每格代表的频率值。

求出 $\Delta\omega$。注意 $\omega = 2\pi\nu$。由 $\Delta\omega = \dfrac{2}{T_2}$ 计算 T_2。

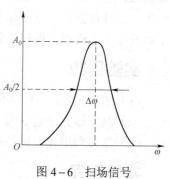

图 4−6　扫场信号

注意事项

　　（1）螺线管要保持竖直，防止振动，防止其他磁场的干扰。

　　（2）测量 g 因子时，在找到共振点后，应适当减小扫场信号，直到共振信号刚要消失时，再进行仔细调整，以便准确判断共振点。

思考题

1. ESR 实验中共用了几种磁场？各起什么作用？
2. 从理论上说明在调整共振信号时，一定要达到等间距才行，见图 4−3。
3. 写出倒号法消除地磁场影响的过程。

参考文献

［1］杨福家. 原子物理学［M］. 北京：高等教育出版社，1990.

［2］吴思诚，王祖铨. 近代物理实验：基本实验［M］. 北京：北京大学出版社，1986.

实验 4.2　光泵磁共振

　　一般来说，要了解样品的物质结构可采用光谱分析法，用光谱仪定性及定量测定物质的原子、分子结构。但要搞清原子、分子内部更加精细的结构和变化，光谱仪的分辨率就不够了。为了得到更高的分辨率，可采用波谱学方法，用微波或射频磁共振研究原子的精细、超精细结构及因磁场存在而分裂的塞曼子能级。对于浓度较大的样品，电子自旋共振和核磁共振，可以得到较强的共振信号，但是，对于浓度较低的气态样品，波谱学方法就无能为力了。

　　为了解决上述问题，1950 年法国科学家卡斯特莱（Kastler）提出采用光抽运技术（光泵），即用圆偏振光来激发原子，打破原子在能级间的热平衡，造成能级上粒子集聚差数，使得在低浓度下有较高的共振强度。这时再以相应频率的射频场激励原子磁共振，并采用光探测法，使探测信号灵敏度有很大提高。这个方法的出现不仅使微观粒子结构的研究前进了一步，而且在激光、量子标频和精测弱磁场等方面也有重要突破。1966 年卡斯特莱因发现了研究原子中赫兹共振的光学方法（光泵磁共振）而获诺贝尔物理学奖。

实验目的

　　（1）掌握光抽运–磁共振–光探测的实验原理。
　　（2）测定铷原子的 g 因子。
　　（3）学习利用光泵磁共振技术测量弱磁场。

实验原理

　　电子在原子中所处的位置，决定了原子状态，一般用能量来表示。原子的能量只能取一系列分立值，称之为能级。一个能级在一定条件下会发生分裂。原子中电子的轨道与自旋磁矩在 L–S 耦合下的能级分裂叫作能级的精细结构。原子核自旋磁矩下的能级分裂叫作超精细结构。在外加磁场作用下，超精细结构能级再次分裂，叫作塞曼子能级，本实验所研究的铷原子在弱磁场中塞曼能级间的跃迁，一般很弱，不易观测，需要采用光抽运–磁共振–光探测方法，以提高信号强度。

1. 铷原子的最低激发态和朗德因子

　　铷原子是一价碱金属，其电子组态如表 4–1 所示。

表 4–1　铷原子的电子组态

轨道	K	L		M			N				O			
能级	1S	2S	2P	3S	3P	3D	4S	4P	4D	4F	5S	5P	5D	5F
电子数	2	2	6	2	6	10	2	6			1			

　　由表 4–1 可知，铷原子基态是 $5^2S_{1/2}$（$L=0$，$S=1/2$，$J=L+S=1/2$）能级，最低激发态为 5P 能级。原子中电子的轨道角动量和自旋角动量在 L–S 耦合下分裂为 $5^2P_{1/2}$ 和 $5^2P_{3/2}$（$L=1$，$S=1/2$，$J=L-S=1/2$ 和 $J=L+S=3/2$）能级，这称为铷原子的精细结构能级。因此，

5S 和 5P 能级间的跃迁产生两条波长相近的谱线 D_1（794.8 nm）和 D_2（780.0 nm）。

　　原子中电子的轨道磁矩为

$$\boldsymbol{\mu}_L = -g_L \frac{e}{2m_e} \boldsymbol{P}_L, \quad g_L = 1.0 \tag{4-15}$$

自旋磁矩为

$$\boldsymbol{\mu}_S = -g_S \frac{e}{2m_e} \boldsymbol{P}_S, \quad g_S = 2.0023 \tag{4-16}$$

式中：$\boldsymbol{P}_L$ 和 $\boldsymbol{P}_S$ 分别为电子轨道角动量和电子自旋角动量；g_L 和 g_S 为相应的 g 因子；e 和 m_e 为电子的电荷和质量。

　　L–S 耦合时，合成的总磁矩为

$$\boldsymbol{\mu}_J = -g_J \frac{e}{2m_e} \boldsymbol{P}_J, \quad g_J = 1 + \frac{J(J+1) - L(L+1) + S(S+1)}{2J(J+1)} \tag{4-17}$$

　　如果在 L–S 耦合的基础上进一步考虑原子核自旋对能级的影响，由于中子数的不同，铷原子的两种同位素，^{87}Rb 和 ^{85}Rb 的核自旋量子数 I 分别为 3/2 和 5/2，即在 I–J 耦合（核磁矩和电子磁矩的耦合）下，5S 和 5P 能级都将再次分裂，称为超精细结构能级。耦合后的量子数 $F = I + J$，$|I-J|$，^{87}Rb 的 $F = 2$，1，^{85}Rb 的 $F = 3$，2。

　　由于原子核的磁矩为

$$\boldsymbol{\mu}_I = g_I \frac{e}{2m_p} \boldsymbol{P}_I = g_I' \frac{e}{2m_e} \boldsymbol{P}_I$$

其中

$$g_I' = g_I \frac{m_e}{m_p} = \frac{1}{1836}$$

式中：m_p 为质子质量。因而 $\boldsymbol{\mu}_I \ll \boldsymbol{\mu}_J$ 故 $\boldsymbol{\mu}_F \approx \boldsymbol{\mu}_J$，

$$\boldsymbol{\mu}_F = -g_F \frac{e}{2m_e} \boldsymbol{P}_F \tag{4-18}$$

由此可以得到

$$g_F = g_J \frac{F(F+1) + J(J+1) - I(I+1)}{2F(F+1)} \tag{4-19}$$

用式（4–19）可以计算出铷原子的 g 因子理论值。

　　当原子位于外磁场 $\boldsymbol{B}$ 中，由于原子的总磁矩与磁场的相互作用，原子超精细结构能级又会分裂为 $2F+1$ 个等间距的塞曼子能级

$$E_i = -\boldsymbol{\mu}_F \cdot \boldsymbol{B} = g_F \frac{e}{2m_e} \boldsymbol{P}_F \cdot \boldsymbol{B} = g_F \frac{e}{2m_e} m_F \hbar B = g_F m_F \mu_B B \tag{4-20}$$

式中：量子数 $m_F = F, F-1, \cdots, -F$；μ_B 是玻尔磁子。

由于 $|m_{F,i} - m_{F,i+1}| = |\Delta m_F| = 1$，因此，两相邻塞曼子能级的能级间距为

$$\Delta E = E_2 - E_1 = \Delta m_F g_F \mu_B B = g_F \mu_B B \tag{4-21}$$

综上所述，图4-7为 ^{87}Rb 的原子能级图，^{85}Rb 的原子能级图与此类似，但有更多的塞曼能级。由于本实验只用 $D_1\sigma^+$ 光，而 D_2 光用滤波片滤去，因此图中未画出 $5^2P_{3/2}$ 的能级分裂状况。

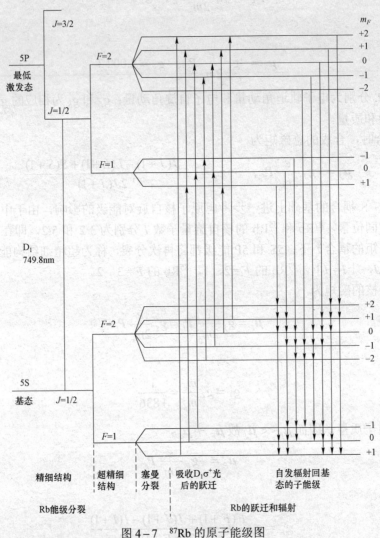

图4-7　^{87}Rb 的原子能级图

2. 实现光泵磁共振的必要条件——粒子的偏极化

一定频率的光可引起原子能级之间的跃迁，称为光跃迁。光跃迁的选择定则是

$$\Delta F = 0, \pm 1, \quad \Delta m_F = \pm 1 \tag{4-22}$$

由此可知，用左旋圆偏振光 $D_1\sigma^+$ 入射时，对于 ^{87}Rb 来说，粒子在 $5^2S_{1/2}$ 向 $5^2P_{1/2}$ 跃迁，需要服从 $\Delta m_F = +1$ 的条件，这样基态 $m_F = +2$ 能级上的粒子就不能跃迁。而当原子经过无辐射跃迁由 $5^2S_{1/2}$ 回到 $5^2P_{1/2}$ 时，粒子返回基态各子能级的概率相同。这样经过多次循环，基态 $m_F = +2$ 的子能级上的粒子数只增不减，积聚形成各子能级上的粒子不均匀分布，称为粒子的"偏极化"。形象地看，$D_1\sigma^+$ 光就向水泵一样将粒子抽到了 $m_F = +2$ 的基态能级上。所以

这种方法称为光抽运或光泵。有了偏极化就可以在子能级间得到较强的共振信号。用右旋圆偏振光 $D_1\sigma^-$ 照射样品效果类似，这时粒子将积聚到基态 $m_F = -2$ 子能级上。但是，由于两者作用相反，如果用 σ^+ 和 σ^- 构成的椭圆偏振光进行光抽运，效果就差多了。

对于 ^{85}Rb 来说，情况大致相同。

3. 塞曼子能级间的磁共振

原子在光抽运产生偏极化后，就不再吸收入射光了，此时透射光最强。如果在垂直于外磁场 B 方向加一频率为 ν 的电磁波（射频场），当电磁波能量 $h\nu$ 与两相邻能级之间的能量差 ΔE 匹配时，即满足

$$h\nu = \Delta E = g_F \mu_B B \tag{4-23}$$

时，将产生磁共振。在塞曼子能级间发生跃迁。跃迁的选择定则为式（4-22）。

当这一跃迁发生在基态 $m_F = +2$ 越迁到 $m_F = +1$，$m_F = +1$ 越迁到 $m_F = 0$……时，使粒子的偏极化受到破坏，样品对入射光吸收增强，透射减弱。偏极化受到破坏后，重新开始光抽运。这样循环往复，达到动平衡。

将测出的 ν 和 B 代入式（4-23），即可求出 g_F 的实验值，将其与理论值相比较，两者的一致性将证明上述分析是正确的。

由于 ^{87}Rb 和 ^{85}Rb 的塞曼子能级不同，磁共振的频率 ν 也不同，可以用这一特点分别测出它们的 g 因子。

4. 光抽运–磁共振信号和光抽运信号

1）光抽运–磁共振信号

入射到样品上的 $D_1\sigma^+$ 光，不但有光抽运的作用，而且透射光可作为探测光。上述光抽运–磁共振过程，伴随样品对 $D_1\sigma^+$ 光吸收的变化，光抽运过程中样品对入射光吸收增强，透射减弱。达到偏极化时，样品不再吸收入射光，透射达到最大值。由于磁共振作用，偏极化受到破坏后，重新开始光抽运。这样周而复始，形成光抽运–磁共振信号。因此，通过探测透射光就可以检测到磁共振。它巧妙地将一个较低频（1～10 MHz）的光子（$h\nu$）转换成一个高频（10^8 MHz）的光子，并使信号功率提高了 7～8 个数量级。为了准确测量共振点，观测磁共振时宜采用三角波作为扫场。

2）光抽运信号

将方波加到扫场线圈上，出现磁场的一瞬间，基态各塞曼子能级上的粒子数接近热平衡分布，各子能级上有大致相等的粒子数。因此这一瞬间有占总粒子数 7/8 的粒子可吸收 $D_1\sigma^+$ 光，吸收光最强，透过光最弱。随着粒子逐渐被抽运到 $m_F = +2$ 子能级上，能吸收 $D_1\sigma^+$ 光的粒子减少，吸收光减弱，透过光增强。当 $m_F = +2$ 子能级上粒子数达到饱和，不再有粒子吸收 $D_1\sigma^+$ 光，透过光强达到并保持最大值。当外磁场过零并反向时，塞曼子能级发生简并及重新分裂，在简并时将失去偏极化。能级再分裂后，各塞曼子能级上的粒子数又大致相等，对 $D_1\sigma^+$ 光的吸收又达到最大值。这样周而复始，通过检测透过样品的光强变化，就能观察到光抽运信号。地磁场水平分量使得扫场方波不对称，而地磁场垂直分量使外磁场无法回零，对光抽运信号有较大影响。因此本实验装置有一对垂直方向的亥姆霍兹线圈，以抵消地磁场垂直分量。当外磁场垂直分量为零时，按上述方法观察到的光抽运信号最强。本实验通过对光抽运信号的分析，测量得到地磁场的垂直分量。

实验装置

实验装置如图 4−8 所示。

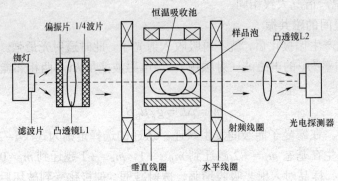

图 4−8 光泵磁共振实验仪主体单元

1. 光源部分

使用高频无极放电铷灯作为光源，灯泡置于通过高频电流线圈中，在高频电磁场的激励下产生无极放电而发光。铷光谱含上述 D_1 和 D_2 两条谱线。D_2 不利于光抽运，在灯光出口处加一滤波片将其滤去。这时铷灯只射出波长为 794.8 nm 的 D_1 谱线。

2. 偏振片、1/4 波片和凸透镜组件

偏振片使 D_1 谱线变成线偏振光，1/4 波片再将偏振光变成圆偏振光（σ^+ 和 σ^-）。凸透镜 L1（$f=77$ mm）将入射光变成平行光。

3. 恒温吸收池

由内充铷蒸汽和缓冲气体的样品泡、射频线圈和恒温槽组成。样品泡两侧与入射光平行方向装有一对射频线圈，以激发磁共振。由于样品温度过高，会增强铷原子与容器壁的碰撞概率，引起退极化；温度过低又使铷蒸汽密度过小，减小信号幅度，所以将样品泡置于恒温槽内，保持最佳温度。

4. 亥姆霍兹线圈

由一对水平和一对垂直线圈组成。它们分别产生恒定水平磁场 $\boldsymbol{B}_{Ih}$、扫场 $\boldsymbol{B}_{Is}$（水平方向）和恒定垂直磁场 $\boldsymbol{B}_{Iv}$。水平线圈由两对绕组组成，一对提供恒定磁场，另一对提供扫场方波或三角波，使恒定磁场上叠加一个调制磁场。示波器用扫场信号触发，频率为几十 Hz，以便观察光探测器接收的光抽运−磁共振信号。亥姆霍兹线圈中心的磁感应强度大小与线圈电流的关系为

$$B_I = 0.716\frac{\mu_0 NI}{r} \qquad (4-24)$$

式中：N 为线圈匝数；r 为线圈平均半径；I 为励磁电流。水平线圈两绕组并联，垂直线圈两绕组串联。这样，样品泡处的静磁场为

$$\boldsymbol{B} = \boldsymbol{B}_{Gh} + \boldsymbol{B}_{Gv} + \boldsymbol{B}_{Ih} + \boldsymbol{B}_{Iv} + \boldsymbol{B}_{Is} \qquad (4-25)$$

式中：$\boldsymbol{B}_{Gh}$ 和 $\boldsymbol{B}_{Gv}$ 分别为地磁场的水平分量和垂直分量。

扫场信号为单向交变信号，通过面板上的方向开关控制扫场线圈中的电流方向。值得注

意的是，示波器显示的扫场信号波形不随方向开关改变，波形的底部为扫场电压的最小值，即扫场信号并非从 0 开始，而有一个附加直流分量。经过分析，只要在测量中合理掌控方向开关，这个附加直流分量的影响可以消除。

5. 光电探测器

凸透镜 L2 将透过恒温吸收池（样品）的 D_1 光聚焦到硅光电池（本实验中的光电探测器）接收面，光电流经电流 – 电压转换及放大后接入示波器。

此外，实验装置还包括示波器、信号发生器和光磁实验装置辅助源等。

实验步骤

1. 准备工作

（1）将"垂直场"旋钮、"水平场"旋钮、"扫场幅度"旋钮调至最小，按下池温开关。然后接通电源线，按下电源开关。约 30 min 后，灯温、池温指示灯点亮，实验装置进入工作状态。

（2）调整主体单元光轴与地磁场水平分量平行。按实验要求调整光路。

（3）利用放到恒温吸收池上的小磁针，以地磁场水平分量方向为正方向，分别确定仪器扫场和水平磁场方向开关位置所对应的扫场和水平磁场方向。

2. 观察光抽运信号

（1）示波器 CH1 接光电探测器信号，CH2 接扫场信号，示波器选择"DC"挡，触发信号选 CH2。

（2）扫场方式选择"方波"，调大扫场幅度。再将指南针置于恒温吸收池上边，改变扫场的方向，设置扫场方向与地磁场水平分量方向相反，然后将指南针拿开。预置垂直场电流为 0.07 A 左右，用来抵消地磁场垂直分量。然后旋转偏振片的角度、调节扫场幅度及垂直磁场大小和方向，使光抽运信号（如图 4–9 所示）幅度最大。再仔细调节光路聚焦，使光抽运信号幅度最大。

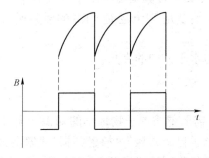

图 4–9　B 在方波中心过零点时的光抽运信号

（3）磁场 B 在方波中心过零点时，光抽运信号最强，且信号幅度相等。因此，通过反复分析、调整 B_{Iv}、B_{Ih} 和 B_{Is} 的大小和方向，使光抽运信号最强，信号幅度相等，此时，B 的垂直分量为零（地磁场的垂直分量被抵消）。此时的 B_{Iv} 即为垂直磁场最佳值 B_{Iv0}，并记录其大小。下面的实验 B_{Iv} 保持在最佳值 B_{Iv0}。

3. 观察磁共振现象并测量 g 因子

（1）将扫场信号改为三角波，幅度要小些。打开信号发生器，产生正弦波射频场。

（2）固定射频频率，在 400～800 kHz 范围内等间隔选 8 个频率点，调整磁场 B_{Ih}，观察图 4–10 所示的磁共振信号。记录射频频率及励磁电压。注意在同一频率上应获得 ⁸⁵Rb 和 ⁸⁷Rb 两个磁共振信号。

（3）测量时要采用"倒号法"消除地磁场水平分量和仪器系统误差，即改变水平磁场的方向，测量值 B 取两个方向的平均值作为 B_0。注意，扫场幅度要小些，方向不变。

（4）记录线圈常数，设计记录表格，根据式（4–23）、式（4–24）及步骤（3）测量到的数据，用最小二乘法计算 g_F，并与理论值相比较。

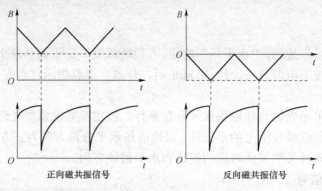

正向磁共振信号　　　　　　　反向磁共振信号

图 4–10　正、反向磁共振信号

4. 测量地磁场

（1）利用前面测量的 B_{Iv0} 最佳值，由式（4–24）计算地磁场垂直分量 B_{Gv}。

（2）地磁场水平分量的测量与测量 g 因子的方法类似。可采用固定励磁电流调整射频频率的方法。在 B_{Ih}、B_{Is}（扫场）和地磁场水平分量方向相同时，调整射频频率达到共振，记录共振时的射频频率 ν_1；同时改变水平磁场方向和扫场（三角波）的方向，找到 ν_2。用差值平均 $\nu_0 = |\nu_1 - \nu_2|/2$ 代入式（4–23）计算地磁场水平分量 B_{Gh}。应选 5 个测量点，选 ⁸⁵Rb 或 ⁸⁷Rb 之一即可。注意，要辨认清楚是 ⁸⁵Rb 还是 ⁸⁷Rb 的磁共振信号，计算地磁场时代入相应的 g_F 理论值。

（3）计算地磁场大小及与水平方向的夹角。

注意事项

（1）本实验理论较复杂，需要熟悉原子物理学的知识，预习时可参考有关原子物理学的相关书籍。另外，本书的"电子自旋共振""核磁共振""塞曼效应"等实验也有参考价值。

（2）应在实验报告原理部分分别计算出两个 g_F 因子的理论值，计算地磁场时要用 g_F 因子的理论值。

（3）测量时，只能在示波器上看到扫场信号和光探测信号，并且，还不能从示波器上判断扫场的方向，使实验难度增加。因此，在实验中应根据各磁场设定的方向和大小来估算 B。

（4）式（4–24）中的电流 I 是指通过亥姆霍兹线圈中一个绕组的电流，实验室所给线圈电阻值是一对绕组串联或并联后的电阻值。

预习思考问题

1. 见图 4-9，怎样才能使样品处的磁场达到"B 在方波中心过零点"？
2. 如何区分光抽运与磁共振信号？
3. 如何区分 ^{85}Rb 和 ^{87}Rb 的磁共振信号？

思考题

1. 测量 g 因子时，"倒号法"是如何消除地磁场影响的？测量地磁场水平分量时，为什么用差值平均 $v_0 = |v_1 - v_2|/2$ 代入式（4-23）计算地磁场水平分量？请分别推导公式证明。
2. 测量 g 因子时，改变水平场方向时是否应同时改变扫场方向？为什么？
3. 测量时为什么共振吸收信号要对准扫场信号底端（见图 4-11）？

微 波 实 验

实验 5.1　用传输式谐振腔观测铁磁共振

铁磁共振在磁学和固体物理学中都占有重要地位，它是微波铁氧体物理学的基础，而微波铁氧体在现代雷达和微波通信方面都有重要应用。

铁磁共振和核磁共振、电子自旋共振一样，成为研究物质宏观性能和微观结构的有效手段。早在 1935 年，著名苏联物理学家兰道（Lev Davydovich Landau，1908—1968）等就提出铁磁性物质具有铁磁共振特性。经过若干年在超高频技术发展起来后，才观察到铁磁共振现象。多晶铁氧体最早的铁磁共振实验发表于 1948 年。以后的工作则多采用单晶样品。

实验目的

（1）了解微波谐振腔的工作原理，学习微波装置调整技术。

（2）通过观测铁磁共振，进一步认识磁共振的一般特性和掌握实验方法。

实验原理

1. 铁磁共振现象

铁磁性的先决条件是物质中必须存在固有磁矩，在顺磁物质中，这些固有磁矩大体是孤立的，以致在无外加磁场时，由于晶体的热扰动而处于无序排列。而在铁磁物质中，固有磁矩之间有强烈的交换耦合，以致在无外加磁场时，在铁磁体中的许多微小区域内，固有磁矩呈有序排列，产生了磁畴结构。不过，各磁畴的磁矩方向一般各不相同，因此，整体不呈现宏观磁化。但当外加磁场时，磁畴的磁矩方向有沿外磁场排列的强烈趋势，使材料强烈磁化。

铁磁共振宏观的经典理论解释为：一个磁畴的磁化矢量表示磁畴中全体电子磁矩的合成，简称为系统磁矩 M。在外磁场 B 的作用下绕着 B 进动，进动角频率 $\omega = \gamma B$，γ 称为旋磁比。由于铁磁物质内部存在阻尼作用，M 的进动角会逐渐减小，结果 M 逐渐趋于平衡方向，即 B 的方向。当外加微波磁场 H_m 的角频率与进动的角频率相等时，M 吸收外加微波的能量，用以克服阻尼并维持进动。这就发生了共振吸收现象。

多晶体样品发生铁磁共振时，共振磁场 B_γ 与微波角频率 ω_γ 满足下列关系（适用于无限大介质或球型样品）：

$$\omega_\gamma = \gamma B_\gamma \tag{5-1}$$

从量子力学观点来看，当微波场的能量 $\hbar\omega$（$\hbar\omega = \hbar 2\pi\nu = h\nu$，$\nu$ 为微波频率）刚好等于系统磁矩 M 的两个相邻塞曼能级间的能量差时，就会发生共振现象，出现选择定则为 $\Delta m = \pm 1$ 的能级跃迁。这个条件是

$$h\nu = |\Delta E| = g\mu_B B = \hbar\gamma B \qquad (5-2)$$

这与经典理论的结果一致。其中 μ_B 是玻尔磁子，g 是朗德因子。

2. 微波谐振腔

1）振荡模式和波导波长

在微波铁磁共振实验时，为了使样品处在稳定的微波场中，应把样品装在微波谐振腔内微波磁场分量最大的位置。

截面为 $a\times b$（$a>b$）、长为 l 的一段波导管，两端用金属片封闭，为了使微波进入和泄漏少量微波（以便检测），在这两片金属片或其中的一片上开小孔（耦合孔）。改变腔长或调节微波的频率，腔内会发生谐振，形成驻波。传输式谐振腔两端都有耦合孔，一端进入电磁波，另一端泄漏少量电磁波，以便检测。

矩形谐振腔发生谐振产生驻波的条件为

$$l = p\frac{\lambda_g}{2} \qquad (p = 1, 2, 3, \cdots) \qquad (5-3)$$

式中：l 为谐振腔的长度；λ_g 为波导波长，

$$\lambda_g = \frac{\lambda}{\sqrt{1 - (\lambda/2a)^2}} \qquad (5-4)$$

式中：λ 是微波在自由空间的波长。式（5-3）说明，矩形谐振腔产生驻波的条件是腔长为半波导长的整数倍。

谐振腔的振荡模式为 TE_{10p}，脚标 p 表示场沿谐振腔长度方向（z 方向）的半波数，如图 5-1 所示。本实验采用的谐振腔振荡模式为 TE_{108}。

图 5-1　谐振腔中驻波电磁场分布（振荡模式为 TE_{104}）

2）品质因数

除了谐振频率以外，谐振腔的另一个重要参数是品质因数 Q。

$$Q = \omega_0 \frac{W_0}{W_1} \quad\quad (5-5)$$

式中：ω_0 是谐振角频率；W_0 是腔内总储能；W_1 是每秒耗能。

一个含有样品的谐振腔，其品质因数用 Q_L 表示。

3）传输式谐振腔的谐振曲线

传输式谐振腔的传输系数 $T(f)$ 定义如下

$$T(f) = \frac{P_o}{P_i} \quad\quad (5-6)$$

式中：P_o 为输出功率；P_i 为输入功率。

$T(f)$ 的图形如图 5-2 所示。其中 f_0 为腔的谐振频率，f 为微波频率，f_1 和 f_2 为半功率点。这就是传输式谐振腔的谐振曲线。

有载品质数 Q_L 为

$$Q_L = \frac{f_0}{f_2 - f_1} \quad\quad (5-7)$$

3. 用传输式谐振腔测量铁磁共振线宽

微波铁磁材料在频率为 f 的微波磁场中，当改变铁磁材料样品上的外磁场 $\boldsymbol{B}$ 时，将发生铁磁共振现象。

在稳恒外磁场中，磁性材料的磁导率 μ 只是一个实数，而在交变磁场（如微波场）中，由于阻尼作用，材料的磁感应强度 $\boldsymbol{B}$ 与磁场强度 $\boldsymbol{H}$ 之间出现位相差，$\boldsymbol{B}$ 的变化滞后于 $\boldsymbol{H}$。因此，材料的磁导率为复数，即 $\mu = \mu' + j\mu''$。其中实部分量 μ' 相当于稳恒磁场时的磁导率，它表示材料贮存的磁能，虚部分量 μ'' 代表交变磁场时材料的磁能损耗。当发生铁磁共振时，磁导率的虚部 μ'' 与恒定磁场 B 的关系曲线上出现共振峰，如图 5-3 所示。

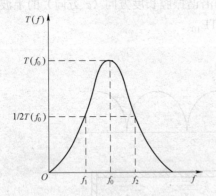 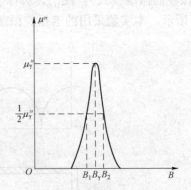

图 5-2　传输式谐振腔的谐振曲线　　　　图 5-3　铁磁共振曲线

μ'' 的最大值 μ''_γ 对应的磁场 B_γ 称为共振磁场。$1/2\,\mu''_\gamma$ 两点对应的磁场间隔（$B_2 - B_1$）称为铁磁共振线宽 ΔB。ΔB 是铁磁材料的一个重要参量，它的大小标志着磁损耗的大小。测量 ΔB 对于研究铁磁共振的机理和提高微波器件的性能是十分重要的。

测量铁氧体的微波性质，例如铁磁共振线宽，一般采用谐振腔法。根据谐振腔的微扰理论，假设在腔内放置一个很小的样品，除样品所在地外，整个腔内的电磁场分布保持不变，即把样品看成一个微扰。把样品放到腔内微波磁场最大处，将会引起谐振腔的谐振频率 f_0 和品质因数 Q_L 的变化。

$$\frac{f - f_0}{f_0} = -A(\mu' - 1) \tag{5-8}$$

$$\Delta\left(\frac{1}{Q_L}\right) = 4A\mu'' \tag{5-9}$$

式中：f_0、f 分别为无样品和有样品时腔的谐振频率；μ'、μ'' 为磁导率张量对角元的实部和虚部；A 为与腔的振荡模式和体积及样品的体积有关的常数。

可以证明，在保证谐振腔输入功率 P_i 不变和微扰条件下，输出功率 P_o 与 Q_L^2 成正比。要测量铁磁共振线宽 ΔB 就要测量 μ''。由式（5-9）可知，测量 μ'' 即是测量腔的 Q_L 值的变化，而 Q_L 值的变化又可以通过腔的输出功率 P_o 的变化来测量。因此，测量铁磁共振曲线就是测量输出功率 P_o 与恒定磁场 B 的关系曲线，如图 5-4 所示。

实际测量时要满足以下条件。

（1）样品小球放到腔内微波磁场最大处。

（2）小球要足够小，即把小球看成一个微扰。

（3）谐振腔始终保持在谐振状态。

（4）微波输入功率保持恒定。

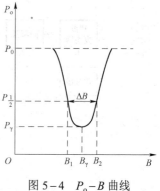

图 5-4　P_o-B 曲线

在这样的条件下，把磁场 B 由零开始逐渐增大，对应每一个 B 测出一个 P_o。就能得到图 5-4 所示的 P_o-B 关系曲线，其中，P_0 为远离共振区时的谐振腔输出功率，P_γ 为共振区时的输出功率，$P_{\frac{1}{2}}$ 为半共振点的输出功率。在共振区，由于样品的铁磁共振损耗，使输出功率降低。半共振点的输出功率 $P_{\frac{1}{2}}$（相当于 $\mu'' = \mu_\gamma''/2$ 点），可由 P_0 和 P_γ 按下式计算：

$$P_{\frac{1}{2}} = \frac{2P_0 P_\gamma}{P_0 + P_\gamma} \tag{5-10}$$

实验装置

本实验系统采用扫场法观察微波铁磁共振现象，以及定性观察共振线宽。用逐点测量的方法测量 B_0（磁共振点的磁场）和共振线宽 ΔB。扫场法（或称"调场法"）是磁共振实验的常用方法。外磁场 B 由一个可调节的直流磁场和一个与之叠加的 50 Hz 交变磁场（扫场）组成，将直流磁场调节到 B_0 附近，当合成磁场与 B_0 相等时，就会出现磁共振信号。请参考"核磁共振"和"电子自旋共振"等实验。

实验装置框图如图 5-5 所示。本实验采用波长 λ 为 3 cm 左右的微波场。3 cm 固态信号源输出的微波信号，经隔离器、衰减器和波长表等进入谐振腔。谐振腔由两端带耦合孔的金属片（耦合片）的一段矩形波导组成。当铁氧体样品放到腔内微波磁场最大位置时，将会引起谐振腔的谐振频率和品质因数发生变化。当改变外磁场进入铁磁共振区时，由于样品发生铁磁共振，产生铁磁共振损耗，使微波输出功率降低，从而可测出谐振腔的输出功率 P_0 与外加恒定磁场 B 的关系，并找到共振点。外部恒定磁场由电磁铁提供，分为直流和扫场两部分。调节磁共振实验仪上的"磁场"旋钮，通过调节励磁电流，改变直流磁场。调节"扫场"旋钮改变扫场大小。

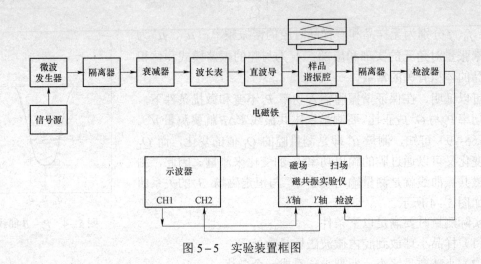

图 5-5　实验装置框图

实验步骤

1. 调整系统到谐振状态

（1）3 cm 固态信号源的"电表显示"置于"电压"，"工作状态"置于"等幅"，开电源，预热 10 min。

（2）将检波器输出接到微安表。

（3）调节衰减器的测微器到 7 mm 左右。根据谐振腔上标明的频率和"频率-测微器刻度对照表"上的数值，仔细调整频率测微器（垂直方向的测微器），使微波频率到达谐振腔的谐振频率，此时微安表指示电流（检波电流）出现一个极大值。调整检波器活塞使检波电流最大。如检波电流过低或超出量程，调节衰减器使检波电流最大值在量程的 2/3 左右。出现检波电流极大值即系统处于谐振状态。

（4）仔细调整波长表测微器，找到检波电流的极小点，读出测微器的值，查"3 cm 空腔波长频率对照表"，得到微波频率，此频率应与样品谐振腔上标明的频率非常接近。如这两个频率相差较大，要重复步骤（3），调整频率测微器寻找其他谐振点，再测量谐振频率。

2. 有载品质因数的测量

系统调到谐振状态后，才可以测量有载品质因数。先测量单晶样品（白色外壳），将单晶样品安装到样品谐振腔内。

（1）将检波器输出接到 100 μA 电流表。调节衰减器，使检波电流为 80 μA（可在 60～90 μA 之间任选），此值为谐振时的检波电流。

（2）仔细调节波长表，找到检波电流大幅度下降点，记录波长表读数，用"3 cm 空腔波长频率对照表"读取对应的微波频率值 f_0。测量后将波长表调到远离谐振点的位置。

（3）仔细调整微波频率，分别找出两个半功率点 f_1 和 f_2。要注意，微波功率 P 与检波电流 I 的关系：$P = KI^2$，K 为一个常数。

（4）由式（5−7）计算有载品质因数 Q_L。

3. 观察铁磁共振现象，测量朗德因子 g 和回磁比 γ

（1）按照图 5−5 连接电路，将检波器输出接到示波器 CH2，示波器置 X−Y 方式。

（2）将"扫场"调到满度，在 1.5～2.0 A 范围内仔细调节"磁场"，使示波器显示铁磁共振吸收峰。调整"调相"和"磁场"，使吸收峰处于图形的正中。记录励磁电流，用特斯拉计测量磁场，测量时应将"扫场"调到零。

（3）计算朗德因子 g 和回磁比 γ。

4. 测量铁磁共振线宽

（1）检波器输出接 100 μA 电流表，将"扫场"调到零，"磁场"依次调到 1.2 A 以下和 2.2 A 以上（远离共振区）。测量远离共振区两端的检波电流。

（2）仔细调整"磁场"，找出铁磁共振点，测量检波电流。

（3）根据式（5−10）和图 5−4 计算共振线宽。

5. 测量多晶样品的参数

将样品换成多晶样品（半透明外壳），测量上述各项参数 Q_L、g、γ 和铁磁共振线宽。将测量结果与单晶样品的相比较。注意多晶样品的共振吸收峰很宽。

注意事项

（1）检波器输出两线不得短路，否则将损坏检波晶体。要调整衰减器使微波功率衰减接近 0 时再到接微安表或检波输入。

（2）衰减器尽量调到衰减较大的位置，输出功率够用即可。

（3）"磁场"和"扫场"的调整不要长时间使用较大电流。测量后"磁场"和"扫场"都要调到零。调整"磁场"和"扫场"时应缓慢转动旋钮。

（4）由教师更换样品，防止样品损坏、丢失。

（5）计算本实验所用的矩形谐振腔的长度为：$a = 22.86$ mm，$b = 10.16$ mm。各 f 采用波长表的实测值。

思考题

1. 讨论样品可放到谐振腔的哪些位置。
2. 比较电子自旋共振与铁磁共振的异同。

实验 5.2　微波电子自旋共振

出现电子自旋共振现象，是因为原子和固体中的磁矩主要来自电子自旋磁矩的贡献。由于这种共振跃迁只能发生在原子的固有磁矩不为零的顺磁材料中，因此又被称为电子顺磁共振。简称 ESR 或 EPR。由于电子的磁矩比核磁矩大得多，在同样的磁场下，电子顺磁共振的灵敏度也比核磁共振高得多。在微波和射频范围内都能观察到电子顺磁现象，本实验使用微波进行电子自旋共振实验。

实验目的

（1）研究微波波段电子自旋共振现象。

（2）测量 DPPH 中的 g 因子。

（3）了解、掌握微波仪器和器件的应用。

（4）进一步理解谐振腔中 TE_{10} 波形成驻波的情况，确定波导波长。

实验原理

本实验有关电子自旋共振的原理请参见本书"电子自旋共振"实验。这里仅扼要介绍有关内容。

在外磁场 B 中，电子自旋磁矩与 B 相互作用，产生能级分裂，其能量差为

$$\Delta E = g\mu_B B_0 \tag{5-11}$$

式中：g 为自由电子的朗德因子。

在与 B 垂直的平面内加一频率为 ν 的微波电磁波，当满足

$$h\nu = \Delta E = g\mu_B B \tag{5-12}$$

时，处于低能级的电子就要吸收微波磁场的能量，在相邻能级间发生共振跃迁，即电子自旋共振。

在热平衡时，上下能级的粒子数遵从玻尔兹曼分布

$$\frac{N_2}{N_1} = e^{-\Delta E/kT} \tag{5-13}$$

式中：k 为玻尔兹曼常量。由于磁能级间距很小，$\Delta E \ll kT$，式（5-13）可以写成

$$\frac{N_2}{N_1} = 1 - \frac{\Delta E}{kT} \tag{5-14}$$

由于 $\Delta E/kT > 0$，因此 $N_2 < N_1$，即上能级上的粒子数应稍低于下能级的粒子数。由此可知，外磁场越强，射频或微波场频率 ν 越高，温度越低，则粒子差数越大。因为微波波段的频率比射频波波段大得多，所以微波电子自旋共振的信号强度比较大。此外，微波谐振腔具有较大的 Q 值，因此微波电子自旋共振有较高的分辨率。

微波电子自旋共振分为通过法和反射法。反射法是利用样品所在谐振腔对于入射波的反射状况随着共振的发生而变化，因此，观察反射波的强度变化就可以得到共振信号。反射法利用微波器件魔 T 来平衡微波源的噪声，所以有较高的灵敏度。

与核磁共振等实验类似，为了观察共振信号，通常采用调场法，即外磁场除了直流磁场 B_D，还叠加一个交变调场 $B_A\cos\omega t$，这样样品上的外磁场为 $B = B_D + B_A\cos\omega t$。这里 ω 通常较低，本实验 $\omega/2\pi = 50$ Hz。当磁场扫过共振点，满足

$$B = \frac{h\nu}{g\mu_{\mathrm{B}}} \tag{5-15}$$

时，发生共振，改变了谐振腔的输出功率或反射状况，通过示波器显示共振信号（吸收峰）。

实验装置

本实验装置由电磁铁系统、微波系统和电子检测系统等组成，具体如图 5-6 所示。

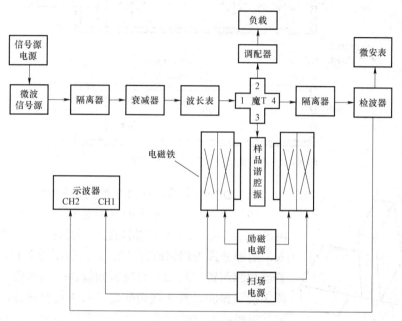

图 5-6　实验装置图

1. 电磁铁系统

由电磁铁、励磁电源和扫场电源组成，用于产生外磁场 $B = B_{\mathrm{D}} + B_{\mathrm{A}} \cos \omega t$。励磁电源接到电磁铁直流绕组，产生 B_{D}，通过调整励磁电流改变 B_{D}。扫场电源接到电磁铁交流绕组，产生 $B_{\mathrm{A}} \cos \omega t$，并经过相移电路接到示波器 X 轴输入端。

2. 微波系统

（1）微波信号源（3 cm 固态信号源）：产生微波信号。

（2）隔离器：只允许微波从输入端进，从输出端出，起隔离微波源与负载的作用。

（3）衰减器：用于调整输入功率。

（4）波长表：用来测量微波波长，使用时调整螺旋测微计，在示波器上会出现吸收峰，或微安表指示大幅度下降，根据螺旋测微计的读数查表，即可得到吸收峰处的微波频率。

（5）调配器：使两种不同阻抗的微波器件达到匹配的可调器件。匹配就是将输入的波完全吸收，没有反射。

（6）检波器：用来测量微波在测点的强度。

（7）谐振腔：本实验使用 TE 型谐振腔，腔内形成驻波，将样品置于驻波磁场最强的地方，才能出现磁共振。微波从腔的一端进入，另一端是一个活塞，用来调节腔长，以产生驻波，腔内装有样品，样品位置可沿腔长方向调整，如图 5-7 所示。

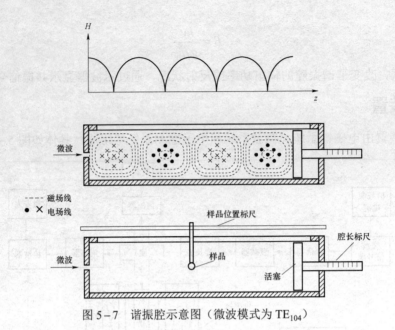

图 5-7　谐振腔示意图（微波模式为 TE$_{104}$）

（8）DPPH 样品：密封在细尼龙管中，置于谐振腔内。

（9）魔 T：它有 4 个臂，相对臂之间是互相隔离的，如图 5-8 所示。当 4 个臂都匹配时，微波从任一臂（如 4）进入，则等分进入相邻两臂（2、3），而不进入相对臂（1）。但若当相邻两臂（2、3）有反射则能进入相对臂（1）。这样将臂 3 接谐振腔，臂 2 接调配器，臂 1 接检波器，当样品产生磁共振吸收微波能量改变魔 T 匹配状态时，就有微波从谐振腔反射回来进入检波器。

图 5-8　魔 T 示意图

3. 电子检测系统

（1）微安表：测量检波电流。

（2）示波器：观察共振吸收峰。

（3）特斯拉计：测量静磁场强度。

实验内容和步骤

1. 微波波长和谐振腔的调整

（1）将衰减器调到 100。打开 3 cm 固态信号源的电源，将"工作状态"置于"连续"。预热 15 min。

（2）将谐振腔活塞调到 140 mm，即腔长调到 140 mm，样品位置调到 70 mm。

（3）根据矩形谐振腔发生谐振产生驻波的条件：$L = \dfrac{1}{2}\lambda_{\mathrm{g}} p$，其中 L 是谐振腔的长度，λ_{g} 是波导波长，p 取整数（1, 2, 3, …）。此时谐振腔内为 TE$_{10p}$ 波，p 表示沿腔长方向分布的驻波半波数。

（4）调整衰减器，使检波电流为 70 μA。调整微波频率，方法如下：参考"频率–测微器刻度对照表"上的数值，仔细调整频率测微器（垂直方向的测微器），并用波长表测量微波频率，直到出现谐振频率即检波电流出现极小值。记录检波器的波长和对应的频率值。

（5）样品位置调到谐振腔中心（设定腔长的一半处），分别调整谐振腔腔长和样品的位置，使检波电流进一步减小，再仔细微调谐振腔活塞和样品位置，使检波电流最小，此时样品位于谐振腔中微波磁场最强的位置。测量后将波长表调到远离谐振频率的位置，在调整中注意随时调节衰减器，不要使检波电流超量程。

2. ESR 信号的观测

（1）将励磁电源电压调到 0，打开励磁电源，打开扫场电源。调整示波器为 X–Y 工作方式，两通道都置于"AC"，X 灵敏度置于 10 mV/DIV，Y 灵敏度置于 1 V/DIV，打开示波器。

（2）断开微安表，在 1.5～2.3 A 范围内仔细调整励磁电流，使示波器显示共振吸收峰，调整调配器，使共振吸收峰如图 5-9 所示。在此过程中，需要调整示波器和衰减器，使示波器能够清晰显示共振吸收峰。衰减器不要调得过小，一般不低于 30，以保护检波器。

图 5-9　共振吸收峰

（3）调整扫场电源的相位，使两共振吸收峰重合。调整励磁电流使共振吸收峰居中。记录励磁电流值。用特斯拉计测量磁场。

（4）移动样品位置，测出各 ESR 信号出现的位置 z_1，z_2，z_3，…

（5）改变谐振腔腔长，重复以上步骤，得到另外几组数据。

（6）最后关闭扫场，用特斯拉计测量各励磁电流 I 所对应的磁感应强度 B。

3. 数据处理

（1）通过测量计算 DPPH 的 g 因子。

（2）测量并计算波导波长 λ_g 和谐振腔长度 L，

$$\lambda_g = 2(z_p - z_1) \qquad (5-16)$$

$$L = \frac{1}{2}\lambda_g p \quad (p = 1,\ 2,\ 3,\ \cdots) \qquad (5-17)$$

（3）用波长表测量计算微波在自由空间的波长 λ，与由 λ 所得到的波导波长

$$\lambda_g = \lambda / \sqrt{1 - (\lambda/2a)^2} \qquad (5-18)$$

相比较，其中波导宽度 $a = 22.8$ mm。

注意事项

（1）磁极间隙的大小由教师调整，学生不要调整，以免损坏样品腔。

（2）样品位置和腔长调整不要用力过大、过猛，防止损坏。

（3）保护特斯拉计的探头，防止被挤压磕碰，用后不要拔下探头。

（4）励磁电流要缓慢调整，同时仔细注意波形变化，才能辨认出共振吸收峰。

思考题

1. 本实验中谐振腔的作用是什么？腔长和微波频率的关系是什么？

2. 样品应置于什么位置？为什么？

3. 比较本实验和"电子自旋共振"实验的异同。

第 **6** 部 分

微弱信号测量技术实验

实验 6.1　锁定放大器的使用及 pn 结电容的研究

　　pn 结的杂质分布对半导体器件的特性有很大影响，控制 pn 结的杂质分布是制造半导体器件的重要课题。检测 pn 结的杂质分布对改进制造工艺，了解器件性能是必要的。通过测量不同反向偏置电压下的 pn 结势垒电容，可以方便地测得单边突变 pn 结轻掺杂一边的杂质浓度及分布。对于工作在反偏状态下的光敏二极管，pn 结电容决定了最高工作频率。因此，研究光敏二极管的反偏电压和结电容的关系是非常必要的。

　　锁定放大器（lock-in amplifier）是一种用相干检测方法测量微弱信号的检测仪器。它能在强背景噪声下，提取周期信号的幅度和相位值，但不能复现信号的波形。微弱信号测量就是要克服背景噪声，提取有用信号。

实验目的

　　（1）了解锁定放大器的原理、主要参数，学会锁定放大器的基本操作。

　　（2）了解半导体器件的结电容对器件性能的影响。

　　（3）测量光敏器件的反偏电压和结电容的关系。

　　（4）用 $C-U$ 法测量 pn 结轻掺杂一边的杂质浓度及分布。

实验原理

1. pn 结的构造及电容

1）pn 结势垒电容

　　pn 结的电容效应是 pn 结的基本性质之一，它是研究半导体器件频率特性的基础。pn 结的电容效应由势垒电容和扩散电容两部分组成。当 pn 结工作在反偏状态时，扩散电容可以忽略。因此在这里只研究势垒电容。

　　为了了解势垒电容的概念，可先了解一下平行板电容器的充放电过程。当图 6-1 中开关 S 接通时，电流 i 给电容充电，电容两极板上的电荷逐渐增加，直到两极板上的电压与电源电压 U 相等。此时电容的电荷量 $Q=CU$。如果电源电压

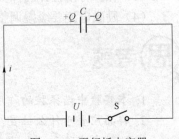

图 6-1　平行板电容器

U 增大到 $U+\Delta U$，则 Q 增大到 $Q+\Delta Q$，电容内电场增强，断开开关后电容两极电压仍为 $U+\Delta U$。可见，电容上电压的变化是由极板上电荷的改变决定的。

　　和平行板电容器一样，pn 结上电压的变化，也是通过空间电荷区正、负电荷发生变化来实现的。正、负电荷增加，pn 结上压降增大；正、负电荷减少，pn 结上压降减小。可见，pn 结很像一个电容。当 pn 结加上反偏电压 U_R 时，pn 结上的电压 $U=U_R+U_D$，其中 U_D 是 pn 结的接触电位差。设此时空间电荷区中正、负电荷的总量为 Q，空间电荷区宽度为 X_m。如果反偏电压增加到 $U_R+\Delta U_R$，则放电电流使空间电荷区的正、负电荷增加到 $Q+\Delta Q$。正、负电荷的增减是靠空间电荷区宽度的变化来实现的。所以空间电荷区的宽度由 X_m 变成 $X_m+\Delta X_m$。也就是说，原来 ΔX_m 内的载流子（电子或空穴）流走了，形成了放电电流，使空间电荷区电荷量增加，如图 6-2（a）所示。同样道理，如果反偏电压减小，pn 结上的电压下降，则电荷减少，空间电荷区的宽度减小，如图 6-2（b）所示。

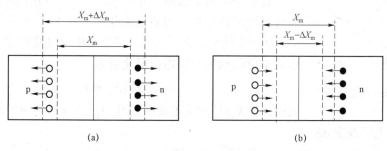

图 6-2　反偏电压改变时 pn 结空间电荷区的变化

　　当加到 pn 结上的电压保持不变时，空间电荷区的电荷量保持不变，空间电荷区的电容的充放电也就停止了。因此，pn 结电容只在外加电压变化时才起作用。

　　pn 结的外加电压改变 ΔU 时，空间电荷区的电荷量随之改变 ΔQ，当 ΔU 足够小时，ΔQ 与 ΔU 成正比，其比值即为结电容，即

$$C_T=\lim_{\Delta U\to 0}\frac{\Delta Q}{\Delta U}\approx\frac{\mathrm{d}Q}{\mathrm{d}U}$$

　　与平行板电容器类似，结电容的值为

$$C_T=\frac{\varepsilon\varepsilon_0 A}{X_m} \tag{6-1}$$

式中：A 为结面积；ε_0 为真空电容率；ε 为相对电容率，对于硅 $\varepsilon=11.8$。

　　以上所分析的 pn 结电容效应发生在势垒区，所以称为 pn 结势垒电容。

　　2）pn 结势垒电容与杂质浓度的关系

　　n 区和 p 区掺杂浓度是均匀的，但在交界面处杂质浓度突然变化的 pn 结叫作突变结。如果 p 区和 n 区的掺杂浓度相差很大，叫作单边突变结，如 pn^+ 结，n 区的掺杂远远大于 p 区。

　　单边突变结电势的变化几乎都落到轻掺杂区，而重掺杂一边区可以忽略。这样，空间电荷区宽度和反偏电压 U_R 的关系仅与轻掺杂浓度 N_0 有关。单边突变结的电荷区宽度 X_m 为

$$X_m=\sqrt{\frac{2\varepsilon\varepsilon_0}{qN_0}(U_D+U_R)} \tag{6-2}$$

式中：q 为电子电荷。当 pn 结为 pn$^+$ 结时 $N_0 = N_A$，当 pn 结为 p$^+$n 结时 $N_0 = N_D$。N_A 是受主杂质密度，对应 p 型半导体；N_D 是施主杂质密度，对应 n 型半导体。

将式（6-2）代入式（6-1），pn 的结势垒电容为

$$C_T = \frac{A\varepsilon\varepsilon_0}{X_m} = A\sqrt{\frac{q\varepsilon\varepsilon_0 N_0}{2(U_D + U_R)}} \tag{6-3}$$

将式（6-3）改写为

$$\frac{1}{C_T^2} = \frac{2}{A^2 q\varepsilon\varepsilon_0 N_0}(U_D + U_R) \tag{6-4}$$

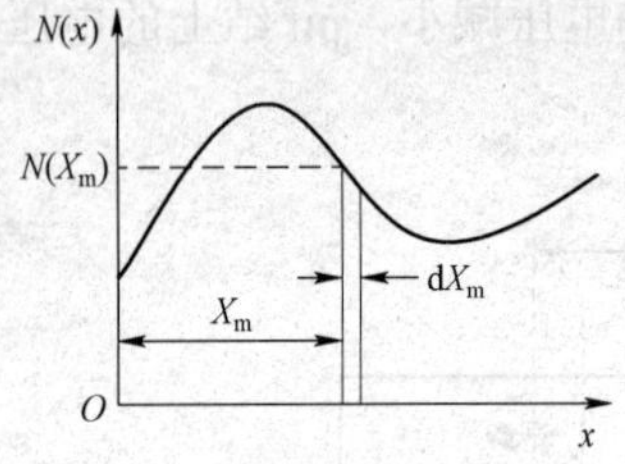

图 6-3 轻掺杂区的杂质分布

作出 $1/C_T^2$-U_R 曲线，由其斜率可以计算杂质浓度 N_0。将直线外推到电压轴，可以求出接触电势差 U_D。

对于一个未知杂质分布的 pn 结，可以利用 pn 结电容-电压曲线描绘出轻掺杂一边的杂质分布。图 6-3 表示一个 p$^+$n 结在 n 区有一个任意的杂质分布。当空间电荷区宽度变化 dX_m 时，相应的单位面积的空间电荷变化量为

$$dQ = qN(X_m)dX_m \tag{6-5}$$

式中：$N(X_m)$ 是空间电荷区宽度 X_m 边界处的杂质浓度。增加的电荷 dQ 引起电场改变 dE

$$dE = \frac{dQ}{\varepsilon\varepsilon_0}$$

相应的电势改变 dU_R

$$dU_R = X_m dE$$

由上两式及式（6-1）得到

$$\frac{dQ}{dU_R} = \frac{\varepsilon\varepsilon_0}{X_m} = \frac{C_T}{A} \tag{6-6}$$

将上三式代入式（6-5），整理后得到

$$N(X_m) = \frac{2}{q\varepsilon\varepsilon_0 A^2} \cdot \frac{1}{\dfrac{d(1/C_T^2)}{dU_R}} \tag{6-7}$$

由式（6-7）可知，测量出 pn 结势垒电容 C_T 的反偏电压变化后，作出 $1/C_T^2$-U_R 曲线，并求出各反偏电压下的 $d(1/C_T^2)/dU_R$，代入式（6-7），就能得到 $N(X_m)$。式（6-7）也可改写成

$$N(X_m) = -\frac{1}{q\varepsilon\varepsilon_0 A^2} \cdot \frac{C_T^3}{dC_T/dU_R} \tag{6-8}$$

采用直接求 C_T-U_R 曲线在不同反偏电压下的斜率 dC_T/dU_R，并将该反偏电压下的 pn 结电容 C_T 一同代入式（6-8），也能得到 $N(X_m)$。此外，由式（6-6）可知，通过电容确定不同反偏电压下所对应的 pn 结空间电荷区宽度 X_m。$N(X_m)$ 是距离 pn 结交界处（$x=0$）的杂质

浓度。$N(X_m)-X_m$ 就是所要确定的杂质分布。

3）pn 结 $C-U_R$ 关系测量原理

pn 结势垒电容是一个随直流反偏电压变化的微分电容。测量势垒电容时，首先要在 pn 结上加上反偏电压 U_R。再将一个幅度远小于 U_R 的正弦信号 $u_0(t)$ 经过 C_1 叠加到 pn 结上，如图 6-4 所示。由于电容 $C_1 \gg C_x$，$u_0(t)$ 主要加到 pn 结上，而通过 C_1 和 C_x 的交流电流幅度值主要取决 C_x，落到 C_1 上的交流电压为

$$u_1(t) \approx I(t) \cdot \frac{1}{j\omega C_1} = \frac{u_0(t)}{\frac{1}{j\omega C_x}} \cdot \frac{1}{j\omega C_1} = \frac{C_x}{C_1} u_0(t) \qquad （6-9）$$

式中：$1/j\omega C$ 为电容的复阻抗。注意，直流偏压经过一个 $100\text{ k}\Omega$ 电阻接到被测器件的 A 极，与 C_1 的阻抗相比，这个电阻可视为断路。C_1 的值不能选得过小，否则不能用式（6-9）计算 $u_1(t)$ 的幅度。另外，锁定放大器输入端阻抗近似于无穷大。

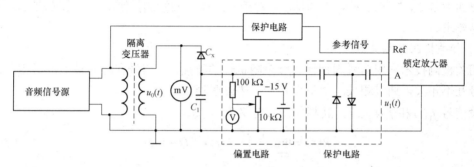

图 6-4　$C_x - U_R$ 关系测量原理图

根据式（6-9），在已知 C_1 的值时，只要测出 $u_0(t)$ 和 $u_1(t)$ 的幅度值，就能求出 C_x 的值。

如果正弦信号 $u_0(t)$ 的幅度值过大，会引起 pn 结电容出现变化，带来测量误差，因此应尽量小些，可选 30 mV 左右，这样 $u_1(t)$ 的幅度 U_1 就会很小。因此，本实验采用锁定放大器来测量这个幅度值。

本实验采用逐点法测量 $U_1 - U_R$ 曲线。即以 ΔU_R 为间隔，测出一系列 U_1、U_R，再用式（6-9）求出 $C_x - U_R$ 曲线和 $1/C_x^2 - U_R$ 曲线。

2. 锁定放大器

锁定放大器（lock-in amplifier）是一种测量微弱信号的检测仪器。微弱信号测量就是要克服背景噪声，提取有用信号。为此，需要先了解噪声的特点。

1）噪声和频带

传感器在将被测物理量转换为电信号时，都不可避免地引入一些"噪声"。这些噪声包括：传感器本身的噪声、测量仪表仪器的噪声，以及其他随机误差。在微弱信号测量中，电子器件（如传感器和放大电路）产生的电子噪声是影响测量结果的关键因素。

电子噪声主要有以下几种。

（1）热噪声。任何电子器件，其中总有导电的载流子，在一定温度下，这些载流子做不规则的热运动，使器件中的载流子定向流动出现起伏，形成热噪声电流。热噪声的有效值和系统频宽的方根成正比。在相同的频宽下，无论频率的高低，热噪声的强度都是相同的。简

单地说，在一定范围内，噪声功率的有效值与系统频宽的方根成正比，与频率无关，称为白噪声。另外，温度越高，热噪声越强。

（2）散粒噪声。即使进入探测器的光强在宏观上是稳定的，但从光的量子特性可知，相等的时间内，进入探测器的光子数是会涨落的，传感器的转换效率（量子效率）实际是有起伏的，测量时载流子数目也会有起伏，这些都会产生散粒噪声。散粒噪声也是白噪声。

（3）暗电流噪声。电传感器在没有信号输入时，往往也有电流输出，称为暗电流。它的产生机理随器件而异。暗电流噪声也是白噪声。

（4）低频噪声。因器件材料中的晶体缺陷等产生的噪声。它与频率的倒数 $1/f$ 及频宽成正比，又称为 $1/f$ 噪声。频率越低，低频噪声越大，在 1 000 Hz 以下有较大影响。

可见，以上各种噪声可以通过限制频带宽度，使有用的信号通过，大幅度降低噪声。在信噪比不过低时，往往采用窄带滤波器或选频放大器，以放大信号，抑制噪声。滤波器的性能用带宽 Δf 和中心频率 f_0 来描述。一般带宽 Δf 不可能做得很窄，f_0 也不是十分稳定的，这就需要加大带宽，降低了对噪声的抑制。对于微弱信号的检测，使用窄带滤波的方法往往不能满足要求。

2）相关检测和相关器

相关检测技术利用信号周期性和噪声随机性的特点，即信号在时间轴上前后相关，噪声与信号互不相关，通过相关运算提取信号，去除噪声。

设信号 $f_1(t)$ 和 $f_2(t-\tau)$，其相关函数定义为

$$R(\tau) = \lim_{\tau \to \infty} \frac{1}{2T} \int_{-T}^{T} f_1(t) \cdot f_2(t-\tau) \mathrm{d}t \qquad (6-10)$$

设

$$f_1(t) = V_S(t) + n_1(t) \qquad f_2(t) = V_R(t) + n_2(t)$$

式中：V_S 为被测信号；V_R 为参考信号；$n_1(t)$ 和 $n_2(t)$ 为伴随的噪声，代入式（6-10），得

$$\begin{aligned} R(\tau) &= \lim_{\tau \to \infty} \frac{1}{2T} \int_{-T}^{T} \{[V_S(t) + n_1(t)] \cdot [V_R(t-\tau) + n_2(t-\tau)]\} \mathrm{d}t \\ &= \lim_{\tau \to \infty} \frac{1}{2T} \bigg[\int_{-T}^{T} V_S(t) V_R(t-\tau) \mathrm{d}t + \int_{-T}^{T} V_S(t) n_2(t-\tau) \mathrm{d}t + \\ &\quad \int_{-T}^{T} V_R(t-\tau) n_1(t) \mathrm{d}t + \int_{-T}^{T} n_1(t) n_2(t-\tau) \mathrm{d}t \bigg] \\ &= R_{SR}(\tau) + R_{S2}(\tau) + R_{R1}(\tau) + R_{12}(\tau) \end{aligned} \qquad (6-11)$$

式中：$R_{SR}(\tau), R_{S2}(\tau), R_{R1}(\tau), R_{12}(\tau)$ 分别为信号之间、信号与噪声之间和噪声之间的相关函数。由于噪声的随机性，当积分时间足够长时，噪声之间及它和信号之间的相关函数应为零，即抑制了噪声。

完成相关检测的仪器叫作相关器。图 6-5 是相关器的原理框图，主要由乘法器和积分器组成。乘法器分为模拟式乘法器和开关式乘法器两种，现多采用后者。积分器实际使用多阶有源低通滤波器。

在相关检测中，参考信号和被测信号的频率应相同，相位差不变（延时 τ 不变）。

如果被测信号表示为 $V_S \cos(\omega_S t + \theta_S)$，参考信号表示为 $V_R \cos(\omega_R t + \theta_R)$，这两个信号通过乘法器相乘，乘法器的输出为

$$V_X = V_S V_R \cos(\omega_S t + \theta_S) \cos(\omega_R t + \theta_R)$$

$$= \frac{1}{2} V_S V_R \cos[(\omega_S - \omega_R)t + (\theta_S - \theta_R)] + \frac{1}{2} V_S V_R \cos[(\omega_S + \omega_R)t + (\theta_S + \theta_R)] \qquad (6-12)$$

图 6-5　相关器原理框图

由式（6-12）可知，乘法器的输出是两个交流信号，即一个是差频项 $\omega_S - \omega_R$，另一个是和频项 $\omega_S + \omega_R$，乘法器的输出信号经过低通滤波器，和频项信号被消除。当被测信号和参考信号频率相同时，差频项信号的成分变为直流信号，即

$$V_X = \frac{1}{2} V_S V_R \cos(\theta_S - \theta_R) \qquad (6-13)$$

这个直流信号就是需要测量的信号。

由式（6-13）可知，在被测信号和参考信号频率相同的情况下，经乘法器和低通滤波器的输出只与输入信号和参考信号的相位差有关。如果输入信号与参考信号的相位差为零，即 $\theta = \theta_S - \theta_R = 0$，则 $V_X = \frac{1}{2} V_S V_R$。由此，可以得到这样的结果：当输入信号与参考信号的相位同相（或反相）时，经乘法器和低通滤波器输出的直流电压最大。

3）锁定放大器原理简述

图 6-6 是一个模拟式单相位锁定放大器原理框图，由图可知，锁定放大器主要由信号通道、参考通道、相关器等组成。

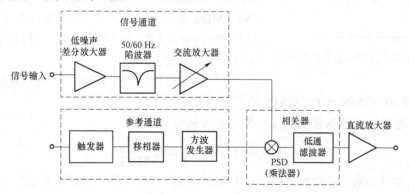

图 6-6　模拟式单相位锁定放大器原理框图

信号通道输入周期性信号，通过低噪声差分放大器放大，同时有效抑制共模干扰信号，由 50/60 Hz 组成的陷波器滤除引入的电源工频干扰信号，经交流放大器后，送到相敏检波器（PSD）信号输入端。

参考通道包括触发器、移相器和方波发生器。它的作用是产生与输入参考信号同频、正、负半周之比为 1:1 的方波，方波相位可通过移相器调整，驱动 PSD 参考输入端。PSD 参考输入

端的方波信号，要保证与输入信号的频率相同、相位固定且不随时间变化，这就是所谓"锁定"。

移相器用来调整送到 PSD 参考输入端信号的相位值。在锁定放大器的基本操作中，目的是测量信号的模，调整移相器，使 PSD 输出最大值，这是测量时克服噪声干扰的最佳方法。因此，在测量中通常调整移相器，使 PSD 输出最大。

PSD 的输出经低通滤波器到直流放大器，得到测量结果，即被测信号电压幅度值。

4）锁定放大器的主要参数

（1）等效噪声带宽（ENBW）。

为了抑制噪声，就要使带宽尽量窄。锁定放大器的输出接近直流信号，带宽可以很窄。锁定放大器的等效噪声带宽可以用低通滤波器的带宽表示，即

$$\Delta f = \frac{1}{4\tau} \tag{6-14}$$

式中：τ是低通滤波器的时间常数，注意不要和前面分析相关检测时的τ混淆。显然τ越大，带宽越窄。实际锁定放大器的τ是可调的。

（2）信噪比改善（SNIR）。

锁定放大器的 SNIR，可用信号输入电路的带宽与相关器输出带宽来表示，即

$$\mathrm{SNIR} = \sqrt{\frac{\Delta f_{\mathrm{in}}}{\Delta f_{\mathrm{out}}}} \tag{6-15}$$

（3）动态范围。

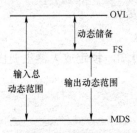

图 6-7　锁定放大器的动态范围示意图

与锁定放大器的总输入动态范围有关的参数有两个（如图 6-7 所示），它们是过载电平（OVL）和最小可检测信号（MDS）。测量时，总是要求输出（测值）正比于输入，系统应工作在线性区。随着输入信号的逐渐升高，系统刚进入非线性时，对应的输入电平值称为 OVL。MDS 是系统输入信号为零（输入端接地短路）时，由于系统的噪声和漂移产生的输出，除以当前总增益，折合到输入端的值。

系统总增益包括 AC GAIN 和 DC GAIN，OVL 和 MDS 的值随 AC GAIN 和 DC GAIN 的变化而变化。

度量仪器能够正确测量的范围，称为输入总动态范围：

$$输入总动态范围 = 20\lg\frac{\mathrm{OVL}}{\mathrm{MDS}} \tag{6-16}$$

锁定放大器的满度灵敏度（FS, full-scale sensitivity）是在一定增益条件下，仪表（或 AD 转换器）满刻度时的输入电平。要注意 FS 和 OVL 的区别。FS 是所选条件下，可正确测量的最大电平。OVL 是总增益一定条件下，可能测量的最大电平。MDS 与 FS 的间隔是总增益选定后，实际可输入的电平，即输出动态范围：

$$输出动态范围 = 20\lg\frac{\mathrm{FS}}{\mathrm{MDS}} \tag{6-17}$$

在 OVL 和 FS 之间，仪器仍有潜力，但尚未被使用者利用的范围，称为动态储备（DR, dynamic reserve）：

$$DR = 20 \lg \frac{OVL}{FS} \qquad (6-18)$$

显然，输入总动态范围=输出动态范围+动态储备，即

$$输入总动态范围 = 20 \lg \frac{FS}{MDS} + 20 \lg \frac{OVL}{FS} \qquad (6-19)$$

实验步骤

（1）仔细阅读锁定放大器的说明书，结合仪器，熟悉面板操作。

（2）连接实验电路。

（3）将信号发生器的"Ampl"钮逆时针调到头；打开信号发生器电源，将频率调整到 10 000 Hz；调整"Ampl"钮，使毫伏表指示 20 mV。

（4）打开锁定放大器，检查各项设置。

（5）按实验室指定的要求调整锁定放大器。

（6）用逐点法测量一个硅二极管的 $U_1 - U_R$ 曲线，间隔 ΔU_R 为 0.1 V。数据处理详见"数据处理及实验报告要求"。

（7）用逐点法测量一个硅光敏二极管的 $U_1 - U_R$ 曲线，间隔 ΔU_R 为 0.5 V，测量范围 1～15 V。画出 $C_T - U_R$ 曲线。

数据处理及实验报告要求

（1）记录锁定放大器的调整步骤、主要设置、测量条件等。以下步骤只用来处理硅二极管的数据。

（2）列出 $U_1 - U_R$ 关系的测量条件，画出 $U_1 - U_R$ 曲线和 $C_x - U_R$ 曲线。

（3）用直线法计算 N_0，求出各 U_R 对应的 X_m。

（4）计算各 U_R 的 $\Delta(1/C^2)/\Delta U_R$，求出被测器件轻掺杂区的杂质浓度分布 $N(X_m)$，并画出曲线。

（5）实验报告原理部分应包括 pn 结势垒电容与杂质浓度的关系、$C_T - U_R$ 关系测量原理和锁定放大器工作原理等部分，简要说明即可。

注意事项

（1）实验用的锁定放大器系贵重设备，使用时不得在其任何端口接入无关的连线等。人体及其他物品不要接触各端口内芯。信号及参考输入端只能接入指定的信号连线。

（2）操作锁定放大器时要减少盲目性，按键力度适中。严禁在仪器上涂写。

（3）实验中禁止非本实验者操作仪器，不得离岗。实验后经指导教师检验仪器签字后才能离开。

（4）注意器件的极性，不要接反。特别是光敏二极管，接反通电后必损坏。

思考题

1. 锁定放大器适合测量什么样的信号？试举两例锁定放大器的应用。

2. 光敏二极管的结电容对其应用的主要影响是什么？光导型光敏二极管在使用时为什么要反向偏置？请详细阐述。

3. 在测量电路中，隔离变压器的作用是什么？

参考文献

［1］吴思诚，王祖铨. 近代物理实验［M］. 北京：北京大学出版社，1986.

［2］刘树林，张华曹，柴常春. 半导体器件物理［M］. 北京：电子工业出版社，2005.

［3］林理忠，宋敏. 微弱信号检测学导论［M］. 北京：中国计量出版社，1996.

［4］EG&G. Model 7265 DSP Lock-in Amplifier Instruction Manual，1998.

实验6.2　微弱交流电压信号的测量

随着科学技术和生产的发展，需要测量许多物理量的微小变化，例如，微弱电压或电流、微弱磁场、微小的温度变化、微小的电感、微小的电容、微小的位移、微小的振动、微弱的光等，特别是极端条件下的微弱信号的测量。一般来讲，许多非电量的微小变化都通过传感器变成电信号进行放大、显示或记录。由于这些微小量的变化通过传感器转换成的电信号十分微弱，可能是 10^{-6} V、10^{-7} V 甚至是 10^{-9} V 数量级或更小。对于这些微弱信号的检测，噪声和干扰是主要矛盾，噪声电压可能把有用的微弱信号淹没掉。

微弱信号检测技术就是要研究、观察、记录科研和生产中各种物理量的微小变化，解决在噪声或干扰中检测有用的微弱信号问题。微弱信号检测系统的任务就是在噪声或干扰背景中选出所需要的信号。然而，对于一般的宽带放大器而言，由于噪声、干扰和信号混在一起，它把无用的噪声、干扰和有用的信号一起放大。如果噪声或干扰大于有用信号，通过这种放大器之后，不但不能提取有用信号，放大器的输出还加进了放大器本身的噪声，使信号被噪声淹没得更深。近几十年来，人们对信号和噪声本身的统计特性做了许多研究，为检测淹没在背景噪声中的微弱信号提供了理论基础，并提出了许多根据噪声和信号本身的不同特性，检测深埋在背景噪声中信号的方法。

实验目的

（1）了解微弱信号检测的一般方法。

（2）了解对信号进行调制的作用。

（3）了解锁定放大器的基本原理。

（4）掌握用锁定放大器测量微弱交流电压信号的方法。

实验原理

1. 微弱信号检测的一般方法

1）同步积累

这种方法是将信号多次重复累加。由于信号周期性地重复，噪声不具有这种特性，每个周期的信号受到噪声的干扰不同，只要把这些受到不同干扰的信号多次重复叠加，就可以提高信噪比。利用这种方法，重复次数越多，提取微弱信号的能力越强。信号是周期性的，信号将按电压相加起来，输出信号正比于积累的次数 m。

$$V_{\mathrm{SO}} = mV_{\mathrm{SI}}$$

式中：V_{SO} 为输出信号电压；V_{SI} 为输入信号电压。由于噪声是随机的，因此，在积累 m 次后应是按功率相加，即

$$V_{\mathrm{NO}}^2 = mV_{\mathrm{NI}}^2$$

式中：V_{NO} 为输出噪声电压；V_{NI} 为输入噪声电压。则经过积累 m 次后的输出电压信噪比为

$$\frac{V_{\mathrm{SO}}}{V_{\mathrm{NO}}} = \sqrt{m}\,\frac{V_{\mathrm{SI}}}{V_{\mathrm{NI}}} \tag{6-20}$$

可见，积累后电压信噪比提高了 $\sqrt{m}$ 倍。功率信噪比提高了 m 倍，由式（6-20）表明：原则上，不论输入信噪比是多低，只要积累次数 m 足够大，总可以使输出信噪比达到要求的数值。

2）相关接收

信号在时间轴上前后的相关性这一特点是微弱信号检测的基础。相关函数是线性相关的度量。用直接实现计算相关函数的方法就可以从噪声中检测信号。因此，用式（6-21）表示的自相关函数 $R_{xx}(\tau)$ 是度量一个随机过程在时间 t 和 $t-\tau$ 两时刻线性相关的统计参数。它是所考虑 t 和 $t-\tau$ 两点间的时间间隔的函数。

$$R_{xx}(\tau) = \lim_{T \to \infty} \frac{1}{2T} \int_{-T}^{T} x(t)x(t-\tau)\mathrm{d}t \tag{6-21}$$

与此相似，互相关函数 $R_{xy}(\tau)$ 是度量两随机过程之间相关程度的量。

$$R_{xy}(\tau) = \lim_{T \to \infty} \frac{1}{2T} \int_{-T}^{T} x(t)y(t-\tau)\mathrm{d}t \tag{6-22}$$

式中：τ 是所考虑的两点间的时间间隔；$x(t)$ 是一个随机过程的函数；$y(t)$ 是另一个随机过程的函数。

自相关函数 $R_{xx}(\tau)$ 是度量 $x(t)$ 相对于时间 τ 的前后相关性，当函数 $x(t)$ 内不包含周期性的分量，自相关函数 $R_{xx}(\tau)$ 将从 $\tau=0$ 时的最大值随 τ 的增大单调地下降，当 $\tau \to \infty$ 时，$R_{xx}(\tau)$ 趋近于函数 $x(t)$ 平均值的平方。如果平均值为 0，则 $R_{xx}(\tau)$ 随着 τ 的增大而趋于 0，表示不相关，很显然 $R_{xx}(0)$ 为 $x(t)$ 的平均功率，而 $R_{xx}(\infty)$ 为直流分量的功率。并且自相关函数为偶函数，即 $R_{xx}(\tau) = R_{xx}(-\tau)$。

互相关函数 $R_{xy}(\tau)$ 是度量两个随机过程 $x(t)$ 和 $y(t)$ 间的相关性的函数。如果两个随机过程的发生互相完全没有关系（如信号与随机噪声）。互相关函数将是一个常数，等于两个随机函数的平均值的积，若其中有一个平均值为 0，则互相关函数为 0。

函数 $x(t)$，$y(t)$ 并不限于不规则的函数，它也可以是有规则的函数（周期函数）。当函数内包含有周期性的分量时，自相关函数内也将包含周期性的分量。若函数为纯周期性的，则自相关函数也是纯周期性的，它包含原函数的基波与所有谐波，但失去了所有相位。

具有相同基波频率的两个周期性函数，它们的互相关函数保存了它们的基波频率及两者所共有的谐波，互相关函数中基波及谐波的相位为两个原函数的相位差。

介绍了相关函数的基本性质后，就可以介绍相关接收方法了。相关接收设备实际上就是计算相关函数的仪器。设混有噪声的信号

$$f_i(t) = S_i(t) + n_i(t) \tag{6-23}$$

输入到相关接收设备中，它被分成两路输入，其中一路将经过延迟设备，使它延迟一个时间 τ，经过延迟的 $f_i(t-\tau)$ 和未经延迟的 $f_i(t)$ 送到相乘电路，随后对乘积进行积分，再取平均值，这样就得到以 τ 为参数的相关函数，即

$$R(\tau) = \lim_{T \to \infty} \frac{1}{2T} \int_{-T}^{T} f_i(t) f_i(t-\tau) \mathrm{d}t = R_{SS}(\tau) + R_{SN}(\tau) + R_{NS}(\tau) + R_{NN}(\tau) \tag{6-24}$$

因为噪声与信号互不相关，并且假设信号与噪声的平均值为 0，根据相关函数的性质，有 $R_{NS}(\tau) = 0$，$R_{SN}(\tau) = 0$，则式（6-24）变成

$$R(\tau) = R_{SS}(\tau) + R_{NN}(\tau) \tag{6-25}$$

理论上噪声在时间轴上前后可以认为是不相关的，但实际上 τ 不大时是部分相关的。随着 τ 的增大，$R_{NN}(\tau) \to 0$，这样 $R_{SS}(\tau)$ 就会突出。例如，若信号为一正弦函数

$$S(t) = V_{SI} \cos(\omega t + \varphi) \tag{6-26}$$

可以求得相关函数：

$$R(\tau) = \frac{1}{2} V_{SI} \cos \omega \tau + R_{NN}(\tau) \tag{6-27}$$

$R(\tau)$ 如图 6-8 所示，其中的虚线表示噪声的自相关函数。

$R_{NN}(\tau)$ 由图 6-8 中清楚表明，当 τ 增大，周期性的信号被显示出来，噪声被除尽。

在相关接收中，由于自相关抗干扰能力没有互相关接收强，并且实现起来也没有互相关简单。在微弱信号检测的仪器中几乎都是采用互相关接收的原理。

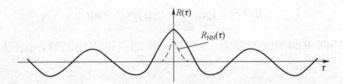

图 6-8　正弦波中混着噪声的自相关函数

互相关接收对于已知重复周期信号的检测是十分有用的，设法在接收设备中产生一个和输入信号同步的参考信号，将这个参考信号与混有噪声的输入信号进行相关，就会得到比自相关强的抗干扰能力。

微弱信号检测锁定放大器就是采用相关接收的原理设计的仪器，可以作为相关接收的特例来讨论。

3）匹配滤波器

上述介绍的两种方法都是在时间域中进行讨论和研究的方法，实际上许多问题在频率域中进行讨论和计算更为简单和直观。

噪声不论是白噪声或其他有色噪声，都具有相当大的带宽。为讨论简单起见，设噪声具有平坦的电压频谱，或者说电压频谱与频率无关，即所谓的白噪声。如果能设计一种滤波器，使输出信号为最大，噪声为最小，这种滤波器称为匹配滤波器。很显然，这种滤波器必须具

有这种特性：滤波器的电压传输函数就是信号本身的频谱函数，以便信号能最大地通过，从而抑制了噪声，使输出信噪比最大。

这样，问题就变成了要根据信号的频谱设计滤波器，使它的电压传输函数和信号的电压频谱函数一样。对于周期信号，电压频谱是一些不连续的线谱。如果在这些谱线处能设计成一些频带很窄的带通滤波器，使信号能通过，谱线外的噪声都给滤掉，就能从背景噪声中把信号检测出来。不过，实际要制造频带极窄的滤波器，并且要求稳定性特别高是困难的。再有，若频率和信号形状发生变化时，滤波器响应也要相应地发生变化，这样就使这种方法实现起来有困难，实用性不太大。但是，如果在信号频谱简单的场合，不要求抑制噪声能力很强，这种方法由于简单反而常被采用，例如，采用带通放大器放大正弦信号，可以有效抑制噪声。

实际上，上述的同步积累和相关接收这两种方法，由时间域转到从频率域来理解和处理，就是一个匹配滤波器。这些方法提高信噪比的基本原理都一样。它们的基础都建立在信号出现的前一时刻和后一时刻之间或信号和另一信号之间的依附性（或称相关性）之上，以及信号与噪声间是不相关的，同时噪声出现在时间轴上前后的相关性很弱这一点上。也就是说，这些接收方法充分利用了信号和噪声本身的不同特性，这样才有可能从噪声背景中检测信号，才能把信号和噪声区别开来。然而，信号和噪声的物理特性的区别，有时并不是信号所固有的。因此，信号的特性有时必须人为地赋予。例如，对信号调制，赋予信号具备与噪声所不具备的周期性。

2. 信号调制和带通放大检测

测量的物理量如温度、光、长度、压力、磁等，由传感器把非电量信号变成了微弱的电信号，这些电信号是时间 t 的函数，具有一定的频谱。这些信号绝大部分可能是随时间缓慢变化的或近似为不随时间变化的直流，从频谱角度来讲是分布在零频附近区域的信号，对于这样的信号要进行直接放大和检测，要用直流放大器，大家熟知用直流放大器进行弱信号检测存在 $1/f$ 噪声和直流漂移。这将严重影响检测灵敏度的提高。

如果对上述信号进行调制，即把信号在频率轴上进行平移，可以避开 $1/f$ 噪声和直流漂移，有利于信号检测。图 6-9 为对信号进行调制前后的噪声功率谱图。

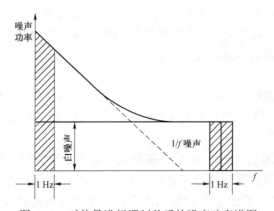

图 6-9　对信号进行调制前后的噪声功率谱图

由图 6-9 可知，如一个信号的频谱在直流附近，例如在 1 Hz 范围内，用一个带宽为 1 Hz

的直流放大器进行放大，这时存在大的 $1/f$ 噪声和直流漂移。如果把信号在频率轴上平移到白噪声区，用带通放大器放大，较用直流放大器放大能极大地提高了输出信噪比，避免了直流漂移。

本实验中所使用的双相锁定放大器就是采用相关检测和同步积累检测方法设计的微弱信号检测仪器。它也相当于 Q 值很高的带通放大器，能使输出信噪比达到最大，适用于检测淹没在背景噪声中的正弦波或方波信号。

实验装置

本实验装置有 HB—521 型微弱信号检测与噪声实验仪器系统 A 分箱、C 分箱，双踪示波器，数字多用表。其中实验仪器系统 A 分箱、C 分箱中有两个仪器需要重点介绍。

1. 锁定放大器

锁定放大器是以相干检测技术为基础，其核心部分是相关器，基本原理框图如图 6—10 所示。

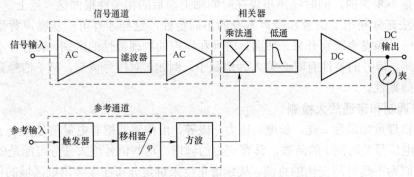

图 6—10　锁定放大器的基本原理框图

典型锁定放大器的基本原理框图分为三部分：信号通道（相关器前那一部分）、参考通道、相关器（包括直流放大器）。

1）信号通道

信号通道是相关器前的那一部分，包括低噪声前置放大器、各种功能的有源滤波器、主放大器等部分。作用是把微弱信号放大到足以推动相关器工作的电平，并兼有抑制和滤掉部分干扰和噪声，扩大仪器的动态范围。

2）参考通道

互相关接收除了被测信号外，需要有另一个信号（参考信号）送到乘法器中。因此，参考通道是锁定放大器区别于一般仪器的不可缺少的一个组成部分。作用是产生与被测信号同步的参考信号输给相关器。

移相器是参考通道的主要部件，它的功能是改变参考通道输出方波的相位。要求在 360° 内可调，大部分的锁定放大器的移相部分由一个 0°～100° 连续可调的移相器，以及移相量能跳变 0°、90°、180°、270° 的固定移相器组成，从而达到能调移相量为 0°～360°。对于移相器的移相精度及移相-频率响应都有一定的要求。

方波形成电路的作用是把移相器过来的波形变成同步的占空比严格为 1:1 的方波（为了抑制偶次谐波，占空比必须严格为 1:1）。

驱动级把方波变成一对相位相反的方波，用以驱动相关器中的电子开关，根据开关对驱动电压的要求，驱动级输出一定幅度的方波电压给相关器。

3）相关器

这是锁定放大器的核心部分，把放大后的被测信号与参考信号进行相关，达到从噪声或干扰中检测有用信号的目的。

（1）锁定放大器相当于以 f_R 为中心频率的带通放大器。等效信号带宽由相关器的时间常数决定。对于使用一阶低通滤波器的相关器，有公式

$$\Delta f_S = \frac{1}{\pi R_0 C_0} \tag{6-28}$$

式中：Δf_S 为等效带通放大器信号带宽；R_0、C_0 为相关器的低通滤波器的滤波电阻和电容。时间常数 $T_e = R_0 C_0$。

（2）锁定放大器的等效噪声带宽 Δf_N 由相关器决定。对于使用一阶低通滤波器的相关器，已知 Δf_S 求得 Δf_N 为

$$\Delta f_N = \frac{\pi}{2} \Delta f_S = \frac{1}{2 R_0 C_0} \tag{6-29}$$

由低通滤波器的时间常数决定。

为了对锁定放大器的抑制干扰和抑制噪声能力有一个定量的了解。根据实际仪器假设几个数据，求出锁定放大器的信号带宽和噪声带宽。目前国内外的产品，由面板控制的时间常数可以在 ms 到 ks 范围内选择，例如取 300 s，即 $T_e = R_0 C_0 = 300$ s，代入式（6-28）和式（6-29），求得

$$\Delta f_S = 1.06 \times 10^{-3} \text{ Hz} \tag{6-30}$$

$$\Delta f_N = 1.67 \times 10^{-3} \text{ Hz} \tag{6-31}$$

这些 Δf_S 和 Δf_N 的数值表明。锁定放大器具有十分窄的信号带宽和噪声带宽。如果工作频率 f_S 为 100 kHz，这时，相当的带通放大器的 Q 值为

$$Q = \frac{f_S}{\Delta f_S} = 9.4 \times 10^7 \tag{6-32}$$

这样高 Q 值的带通滤波器是常规带通滤波器所不能达到的。同时，对于锁定放大器，不必担心这样高的 Q 值，会造成由于元件的环境温度、工作频率、工作环境的变化带来不稳定。因为相关器只是相当于带通滤波器，而不是一个真正的带通滤波器。如果真的有一个 $Q = 10^8$ 的带通滤波器，很可能由于元件、信号源频率等稳定性问题，而使实际系统无法工作。这里的锁定放大器，是采用相关接收的原理，相当于一个"跟踪"滤波器。关键是"跟踪"两字。由于被测信号和参考信号严格同步，所以就不存在频率的稳定性问题。等效 Q 值是由低通滤波器的时间常数决定的。对元件的稳定性要求不高，常规带通放大器的缺点在这里不存在。

抑制噪声能力是所要关心的问题。大家熟知白噪声电压和噪声带宽平方根成正比。设仪器输入级等效噪声带宽 $\Delta f_{NI} = 200$ kHz，相关器的输出等效噪声带宽为上述假设的数据，即 $\Delta f_{NO} = 1.67 \times 10^{-3}$ Hz，可以求得电压输出信噪比 S_O/N_O 和电压输入信噪比 S_I/N_I 的关系。

$$\frac{S_O / N_O}{S_I / N_I} = \sqrt{\frac{\Delta f_{NI}}{\Delta f_{NO}}} = 1.09 \times 10^4 \tag{6-33}$$

式（6-33）表明相关器使电压信噪比提高一万多倍。功率信噪比提高了 80 dB 以上。这些数据充分表明，采用相关器技术设计的锁定放大器具有很强的抑制噪声能力。

（3）当 $f_S = f_R$ 时，锁定放大器的被测信号 $V_I = \hat{V}_I \cos(\omega t + \varphi)$ 和输出电压 V_O 的关系由式（6-34）决定

$$V_O = K\hat{V}_I \cos\varphi \tag{6-34}$$

式中：K 为锁定放大器的总放大倍数；φ 为被测信号与参考信号之间的相位差。

式（6-34）表明，锁定放大器的输出为直流电压，并正比于被测信号的幅值 $\hat{V}_I$，与参考信号之间的相位差 φ 的余弦乘积成正比。改变参考信号和被测信号之间的相位差，可以求得被测信号的振幅和相位。HB-521 型微弱信号检测与噪声实验仪器系统 A 分箱中的锁定放大器为双相锁定放大器，原理框图如图 6-11 所示，能同时测量和显示用直角坐标表示的正弦波的同相分量（V_x）和正交分量（V_y）及用极坐标表示的正弦波的幅度分量（V_R）和相位分量（φ），使测量更加方便，可以作为矢量电压表、数字相位计、阻抗测试仪等多种仪器使用，是目前微弱信号检测中最常用的仪器。

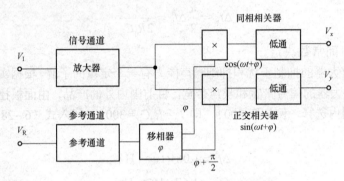

图 6-11　双相锁定放大器的原理框图

2. 实验用微弱信号电压源

各种物理量的微小变化通过传感器转换成微弱的电压信号进行测量。微弱信号检测实验中，使用这些物理量的变化通过传感器变成微弱电压信号进行教学实验不方便。因此，需要设计能产生微弱电压信号且能任意加上噪声和干扰来模拟混有噪声和干扰的微弱信号的仪器。HB-521 型微弱信号检测与噪声实验仪器系统 C 分箱中的衰减器能实现这种功能，原理框图如图 6-12 所示，此衰减器是专门为微弱信号检测实验而设计的。

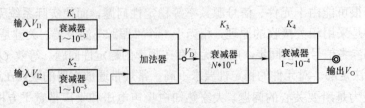

图 6-12　获得微弱信号的衰减器的原理框图

输出电压 V_O、加法器输出电压 V_D，与输入电压 V_{I1} 和 V_{I2} 之间的关系为

$$V_D = V_{I1}K_1 + V_{I2}K_2 \tag{6-35}$$

$$V_O = V_D K_3 K_4 \qquad\qquad (6-36)$$

举例：

（1）V_{I1} 为 100 mV 正弦信号，$V_{I2}=0$，选择 $K_1=10^{-3}$，$K_3=2\times10^{-1}$，$K_4=10^{-2}$，则

$$V_O = V_{I1} K_1 K_3 K_4 = 200 \ \text{nV}$$

（2）在（1）的信号和衰减量不变时，V_{I2} 为 1 V 的噪声信号，选择 $K_2=10^{-3}$，则

$$V_O = 200 \ \text{nV（正弦信号）} + 1\ 000 \ \text{nV（噪声信号）}$$

得到淹没在噪声中的微弱信号。

当然，V_{I2} 也可以是与 V_{I1} 不同频率的正弦信号（称为干扰信号），就可以得到被测信号中混有干扰信号的微弱信号。用此衰减器能十分方便地模拟得到所需的各种情况下的微弱信号。

实验步骤

1. 测试仪器连接框图

用锁定放大器测交流正弦（或方波）信号的框图如图 6-13 所示。信号源送出两路信号，一路给双相锁定放大器作为参考信号，从参考输入端输入，输入电压为 V_R；另一路输给精密衰减器作为衰减器的输入信号 V_S，通过衰减器衰减成微弱信号 V_O，作为双相锁定放大器的输入信号 V_I，由双相锁定放大器测量用直角坐标表示的输入微弱信号 V_I 的 V_x、V_y 分量，或用极坐标表示的输入微弱信号 V_I 的幅度分量 V_R 和相位分量 φ。

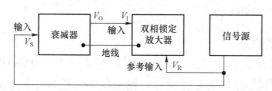

图 6-13　用锁定放大器测交流正弦（或方波）信号的框图

2. μV 级正弦信号的测量

用 HB-521 型微弱信号检测与噪声实验仪器系统 A 分箱、C 分箱，按图 6-13 框图进行连线。信号源可以使用 A 分箱的多功能信号源，也可以用 C 分箱的交流信号源。若使用 A 分箱的多功能信号源，具体操作如下。

（1）接通 HB-521 型微弱信号检测与噪声实验仪器系统 A 分箱和 C 分箱的电源。

（2）多功能信号源的参数设置为：频率 f 选在 1 kHz 左右，例如 911 Hz；波形设置为正弦波；输出电压为 100 mV，输给 C 分箱中的衰减器的输入端 V_{I1}。

（3）衰减器的参数设置为：K_1 衰减器设置为 $10^{-1}\times10^{-1}\times10^{-1}=10^{-3}$（把三个开关全部置于 "$\times10^{-1}$"）；$K_3$ 设置为 0.1（数码开关置于 "1"）；K_4 数码开关置于 "1"，不衰减。输出电压 $V_O = V_{I1} K_1 K_3 K_4$，即 $V_O = 100 \ \text{mV}\times10^{-3}\times10^{-1}\times1 = 10^{-5} \ \text{V} = 10 \ \mu\text{V}$，连接衰减器的输出端 V_O 至锁定放大器的输入端 A 的信号电缆。

（4）双相锁定放大器的参数设置为：参考信号设置为 "内" 输入（参考信号由信号源通过仪器内部连线接入到参考通道，不需要外面连线）。输入模式置于 "A" 输入，量程置于 10 μV，低通滤波器的截止频率设置为 3 kHz，高通滤波器的截止频率设置为 300 Hz，时间

常数设置为 1 s。

（5）读数与操作。

锁定放大器调零：先不接信号输入电缆（无信号输入），输入模式置于"短路"（输入端接地）。分别调节 V_x 和 V_y 输出端的调零电位器，使 V_x 和 V_y 的读数小于所置量程的百分之一。零点小于 1% 可以认为调零完成。调零之后，测量时就不再调节此两电位器。

测量与读数：接上与衰减器输出端 V_O 的信号电缆至输入端 A，输入模式恢复到"A"输入。观察测量值显示屏中的 V_x、V_y、V_R 和 φ 四个值。

① 如果只需要知道被测信号均方根值，只要读 V_R 值即可。此时的 V_R 读数应该为 $10\,\mu V$ 左右。

② 如果要测量被测信号幅度和相位或 V_x 和 V_y，则要读四个量，由于相位是要有参考点的，即两个同频信号之间的相位差。此时，指示的相位和矢量电压值是被测信号相对于参考信号的值。调节参考信号通道的移相器，可以产生 $0° \sim 370°$ 的相位变化，由 $0°$、$90°$、$180°$、$270°$ 的相位跳变和 $0° \sim 100°$ 连续调节，完成 $0° \sim 370°$ 中任意度数的调节。测量两个信号 A 和 B 之间的相位差，是先测 A 信号相对于参考信号之间的相位差 φ_A，再测 B 信号相对于参考信号之间的相位差 φ_B。因此，A 和 B 之间的相位差 $\varphi_{AB} = \varphi_B - \varphi_A$。有时为了计算方便，通常把 $\varphi_A = 0$，即通过参考通道的移相电路，调节参考信号的相位与被测信号 A 的相位相同，即 $\varphi_A = 0$。矢量为 $V_{yA} = \mathbf{0}$，再测信号 B 的 φ_B，此时 $\varphi_{AB} = \varphi_B$。矢量表示为 V_{xB}、V_{yB}。调节锁定放大器参考通道的移相器，使得到几个相位值，测量输入电压对应的几个 V_x、V_y、V_R 和 φ，验证 $V_R = \sqrt{V_x^2 + V_y^2}$，$\varphi = \arctan \dfrac{V_y}{V_x}$。

3. nV 级正弦信号的测量

把衰减器 K_4 的数码开关置于"5"，$K_4 = 10^{-2}$，则 $V_O = 100\,mV \times 10^{-3} \times 10^{-1} \times 10^{-2} = 100\,nV$，用"读数与操作"中步骤②的方法进行操作，测量信号。选择不同的时间常数，观察液晶显示屏 V_x、V_y、V_R 和 φ 数值的跳字情况。

注意事项

在测量衰减器的微弱信号时要特别注意地线连接：取一根较粗的多股铜导线，连接锁定放大器的接地端子与衰减器接地端子，导线要尽量短，对小信号测量十分重要的地线连接，不可忽视，不然会给测量带来误差。

实验中选择不同的时间常数对测量数据有什么影响？试分析其原因。

实验 6.3　噪声电压的测量

电子电路中将有用信号之外的电信号称为噪声。噪声越小，输出信噪比越高。降低输出信号中的噪声，提高输出信噪比的技术被称为微弱信号检测技术。微弱信号检测技术，就是研究噪声与信号的不同特性，根据噪声与信号的不同特性，拟定检测方法，达到抑制噪声、提高输出信噪比的目的。要抑制和减小噪声，首先要了解噪声的性质，本实验将介绍噪声特性的一些基本概念，并测量噪声源的噪声电压。

实验目的

（1）了解噪声的统计特性，了解噪声带宽和噪声谱密度的概念。
（2）了解噪声电压的测量方法和测量仪器。
（3）了解两个以上噪声电压源相加的输出噪声电压的计算与测量。

实验原理

1. 噪声的统计特性

在广泛的意义上，可以认为噪声就是扰乱或干扰有用信号的某种不期望的扰动，包括自然界或"人为的"其他干扰，以及由电器系统的材料和器件物理温度产生的自然扰动。从原则上讲，前者可以采用适当的屏蔽、滤波或电路元件的配置等措施，往往可以使这些干扰减小或消除，后者是处于绝对零度以上的所有电导体中呈现的热噪声。热噪声既不能精确地预见，也不能完全被消除，但是可以控制。

噪声是存在于电路内部的一种固有的扰动信号，它是由于组成电路的器件材料的物理性质及温度等原因，引起电荷载流子运动发生不规则变化而产生的。噪声是一种随机信号，在任一瞬时不能预知其精确大小。它由振幅随机和相位随机的频率分量组成，可以测定其长时间的均方根值，即某些噪声是遵循一定的统计分布规律的。例如热噪声和散粒噪声服从正态分布规律，因而这些噪声又是统计可知的。图 6-14 给出了均方根电压为 1 V 的实测的噪声波形。

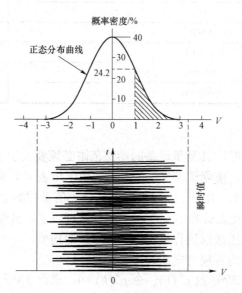

图 6-14　噪声波形和正态分布

用示波器观察的热噪声也与图 6-14 相似（正态分布），正态曲线下面的面积代表各事件发生的概率。因为概率的取值范围为0~1，所以总面积代表1。电压为0电平出现的概率最大。曲线左右对称即噪声瞬时电平大于0或小于0的概率各为0.5，并且长时间噪声电压的平均值为0。如果考虑电压1 V这样一个值，在某一时刻超过该电平的概率如图6-14中的阴影区面积所示。

电噪声最重要的统计特性是它的概率密度$p(V)$，一般符合正态分布规律，即

$$p(V) = \frac{1}{\sqrt{2\pi\sigma^2}} e^{-\frac{(V-\alpha)^2}{2\sigma^2}} \qquad (6-37)$$

式中：α表示随机变量的统计平均值（电噪声一般$\alpha=0$）；σ^2为随机变量的方差（σ即均方根值，或有效值）。对于$\alpha=0$有

$$p(V) = \frac{1}{\sqrt{2\pi\sigma^2}} e^{-\frac{V^2}{2\sigma^2}} \qquad (6-38)$$

这种正态分布噪声有下列特性。

（1）由式（6-38）可知，在某一瞬间取电压V概率是：$V=0$时最大，V越大，概率越小。可以求得取值超过某一电平V_1的概率为：

$$p(|V| > V_1) = 1 - \frac{1}{\sqrt{2\pi\sigma^2}} \int_{-V_1}^{+V_1} e^{-\frac{V^2}{2\sigma^2}} dV \qquad (6-39)$$

由式（6-39）求得表6-1。

表6-1 正态分布噪声的峰值越过V_1的概率

越过V_1的概率 $p(|V|>V_1)$	V_1/V_{rms}
0.1	1.645
0.01	2.576
0.001	3.291
0.000 1	3.890
0.000 01	4.417
0.000 001	4.892

V_{rms}为噪声的均方根值

因此，测量噪声电压时，其测量设备的动态范围必须要大于3倍的被测噪声的有效值，否则噪声峰值可能被限幅，使测量带来误差。例如用电压表（交流毫伏表）测量噪声时，必须使表针指示不得大于1/3，由于一般的电压表具有2倍于被测电压的动态范围，因此，实际上在测量噪声时，只要使表针指示小于一半量程就可以了。另外也要附带说明一下。普通的电子电压表是将被测电压波形进行整流，测量整流的均值，对于噪声来讲，这并不是均方根值，最理想的当然是用均方根值电压表进行测量。

（2）由$p(V)$对V求二阶导数$p''(V)$，令$p''(V)=0$，求得$V=\pm\sigma$，说明$V=\pm\sigma$为概率曲线$p(V)$的拐点，即在该点上$p(V)$的斜率最大，说明噪声电压超过均方根值（有效值）σ后出现的概率很快减小。因此，噪声电压大部分时间是集中在$|V|<\sigma$之内。这样就为噪声电压均方根值的测量提供了一种可能，在示波器观察噪声时，其显示图形中亮度的明暗分界面的电

压，即为噪声电压的均方根值 σ 的电压值。

2. 噪声的平均值及均方根值

噪声的概率密度虽然是噪声的主要统计特性，但它仅用来衡量噪声分布规律，而不能直接用来衡量噪声电压的大小。从工程计算角度来看，更需要了解的是噪声的平均值及均方根值。

1）噪声的平均值

随机过程的平均值 $\overline{V}$ 的定义为

$$\overline{V} = \int_{-\infty}^{\infty} Vp(V)\mathrm{d}V \tag{6-40}$$

对于正态分布，由定积分公式可以求得

$$\overline{V} = \alpha \tag{6-41}$$

电路的噪声属于平稳随机过程，故噪声平均值 α 表示噪声的直流分量。

2）噪声的均方根值

随机过程的方差 $D(V)$ 的定义为

$$D(V) = \int_{-\infty}^{\infty} (V - \overline{V})^2 p(V)\mathrm{d}V \tag{6-42}$$

对于正态分布噪声，

$$D(V) = \int_{-\infty}^{\infty} (V - \overline{V})^2 p(V)\mathrm{d}V = \sigma^2 \tag{6-43}$$

此值反映噪声的功率，因此 σ 为均方根值。衡量噪声大小一般都采用噪声的均方根值。$\sigma = V_{\mathrm{N(rms)}}$，如不特别说明噪声的峰峰值外，只要讲到噪声电压就是指均方根值。

3. 噪声带宽

放大器或调谐电路的带宽的典型定义是：半功率点之间的频率间隔。3 dB 衰减表明功率为 50%，相当于此频率点的电压电平等于中心频率基准处的电压的 70.7%。

这些电路的噪声带宽不同于通常采用的信号带宽的 3 dB 带宽。有效噪声带宽 Δf 的定义是：它是矩形功率增益曲线的频率间隔，该矩形功率增益曲线的面积等于实际功率增益对频率曲线的面积（如图 6-15 所示）。噪声带宽是功率曲线下的面积，即功率增益对频率的积分除以曲线的最大幅度，用方程式表述即为

$$\Delta f = \frac{1}{G_0} \int_0^{\infty} G(f)\mathrm{d}f \tag{6-44}$$

式中：Δf 为噪声带宽，单位为 Hz；$G(f)$ 为功率增益，是频率的函数；G_0 为最大功率增益。

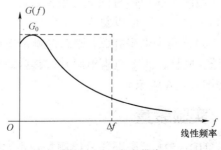

图 6-15　噪声带宽

因为功率增益正比于网络电压增益的平方，所以等效噪声带宽也可以写成

$$\Delta f = \frac{1}{K_{V_0}^2} \int_0^\infty K_V^2(f)\mathrm{d}f \qquad (6-45)$$

式中：$K_V(f)$ 为电压增益，是频率的函数；K_{V_0} 为中带电压增益。

4. 噪声谱密度

谱密度就是单位带宽内的噪声。噪声由许多频率分量组成，为了表示这些分量是如何分布的，可以对频率画出单位带宽的均方噪声曲线。对于热噪声源，有功率谱密度 $s(f)$ 为

$$s(f) = \frac{V_t^2}{\Delta f} = 4kTR \qquad (\text{V}^2/\text{Hz}) \qquad (6-46)$$

式中：k 为玻尔兹曼常量；T 为热力学温度；R 为导体的电阻。这是白噪声的特性，$s(f)$ 对 f 的曲线是一条简单的水平线。

$$V(f) = \sqrt{s(f)} = \sqrt{4kTR} \qquad (\text{V}/\text{Hz}^{1/2}) \qquad (6-47)$$

在测量噪声时，常用噪声的均方根，这样可以得到一种用噪声电压的均方根值，除以噪声带宽的平方根值的谱密度，从而得电压谱这个数学运算的结果，可以简单地认为是 1 Hz 带宽内的均方根噪声电压。要注意的是，单位是 $\text{V}/\text{Hz}^{1/2}$，对于噪声电流，单位是 $\text{A}/\text{Hz}^{1/2}$。

5. 噪声电压的相加

频率相同幅度相等的正弦信号电压源串联连接时。如果它们是同相位的，合成电压振幅将为各自振幅的两倍，可以给出四倍于单个源的功率。假如它们的相位相差 180°，合成的净电压和功率等于零。对于其他相位情况，可以用熟悉的矢量代数法则去推算。

假如两个均方根振幅为 V_1 和 V_2、频率不相同的正弦信号电压源串联连接，则合成电压的均方根振幅等于 $\sqrt{V_1^2 + V_2^2}$，合成波的均方根值是各分量的均方根值的和 $(V_1^2 + V_2^2)$，等效噪声发生器代表非常大量的振幅和相位随机分布的频率分量的叠加。独立的噪声发生器相串联时，各源既不能互相帮助也不会互相妨碍，输出功率等于各输入功率之和，因此，可以进行噪声源相加，使总均方根电压等于各发生器的均方根电压之和。这一结论也适用于噪声电流源的并联。

有噪声发生器 V_1 和 V_2，它们是不相关的，它们之和的均方根值 V^2 为

$$V^2 = V_1^2 + V_2^2 \qquad (6-48)$$

取平方根有

$$V = \sqrt{V_1^2 + V_2^2} \qquad (6-49)$$

注意：$V \neq V_1 + V_2$

当两个噪声信号的均方根值之比为 10:1，即 $V_1 = 10 V_2$ 时，它们之和 $V \cong V_1$，V_2 可以忽略。

如果两个电阻并联，则总热噪声电压等于其等效电阻的热噪声电压。同样，两个电阻串联时，其总噪声电压由电阻的算术和确定（如图 6-16 所示）。

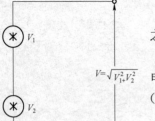

图 6-16 噪声源相加

实验装置

HB-521 型微弱信号检测与噪声实验仪器系统 A 分箱、C 分箱

和数字存储示波器。

　　这里对实验仪器系统 A 分箱中的噪声测量仪做一些简要介绍。噪声功率反映噪声的强弱，噪声功率大小用噪声电压的均方根值的平方来度量。要测量噪声电压的均方根值，必须要使用均方根值电压表。噪声的功率与噪声带宽成正比。因此，在测量噪声时，必须要知道噪声带宽。噪声带宽的选择通常用低通滤波器、高通滤波器或带通滤波器来实现。这些滤波器的带宽都是用信号带宽来度量的，噪声带宽可以由滤波器的传递函数的幅频特性公式通过式（6-45）积分计算求得。平坦特性滤波器的 $\Delta f_N/\Delta f_S$ 的关系如表 6-2 所示。

表 6-2　平坦特性滤波器的 $\Delta f_N/\Delta f_S$ 的关系

阶数	衰减斜率/（dB/oct）	$\Delta f_N/\Delta f_S$
1	-6	1.57
2	-12	1.11
3	-18	1.05
4	-24	1.03

　　因此，噪声电压测量仪必须要有已知的放大倍数、已知噪声带宽的滤波器和均方根值电压表。噪声电压测量仪框图如图 6-17 所示。图 6-17 中的放大器是根据待测输入噪声大小，选择测量量程。滤波器通常由低通滤波器和高通滤波器组成，改变这两个滤波器的截止频率，即改变等效噪声带宽。噪声带宽的计算由表 6-2 决定。均方根值电压表实现对输入信号进行均方根电压到直流电压的运算。输出的直流电压等于均方根电压。低通滤波器对均方根值运算电路输出的交流分量进行平均。输出的直流电压即为被测噪声信号定标后的均方根电压 $V_{N(rms)}$

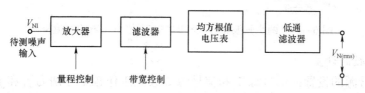

图 6-17　噪声电压测量仪框图

　　实验仪器系统 A 分箱中的噪声电压测量仪就是按上述框图设计的。要测量噪声源在某一频段内的平均噪声电压，可以把实验仪器系统A分箱按图6-18所示的原理框图组合后再进行测量。

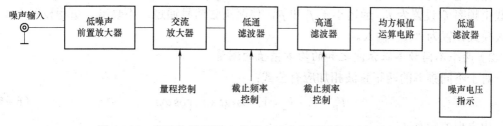

图 6-18　实验仪器系统 A 分箱中噪声电压测量仪原理框图

　　此噪声电压测量仪的信号通道由低噪声前置放大器、交流放大器、低通滤波器、高通滤波器组成，能设置噪声电压测量仪的量程和噪声带宽。由于高通滤波器和低通滤波器都是二阶有源滤波器，等效噪声带宽为低通截止频率 f_L 减高通截止频率 f_H 乘 1.11，即 $\Delta f_N = 1.11(f_L - f_H)$。均方根值运算电路是对噪声信号进行均方根电压到直流电压的运算。低通滤波器滤除交流成分，噪声电压表指示的直流电压为被测噪声信号的均方根电压 $V_{N(rms)}$。如要求单位带宽的平均噪声电压，只要把此测量的均方根电压除噪声带宽的平方根。

实验步骤

1. 两正弦信号电压之和的均方根值的测量

为了熟悉噪声均方根值测量方法和概念，要先测量单个正弦波信号的均方根值和两个不同频率正弦信号之和电压信号的均方根值，这对于理解噪声测量很有帮助。

按图 6-19 所示连线，构成两正弦波相加之和的均方根值电压表，测量相加后波形的均方根值电压。图中信号源 1 由 A 分箱多功能信号源提供输出正弦波信号 V_1，信号源 2 由 C 分箱信号源提供输出正弦波信号 V_2，分别加到衰减器的两输入端 1 和 2 电缆插座上。由衰减器的加法器输出端 V_D 输出给双相锁定放大器的输入端 A，锁定放大器此时只作噪声电压测量仪使用。选择"噪声"测试功能，参考信号可以不加（不需要参考信号），接通 A 分箱和 C 分箱的电源。

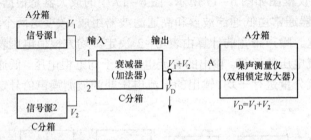

图 6-19 两正弦波相加之和的均方根值电压表的测量框图

1）仪器参数的设置

正弦波信号源的设置：信号源 1 和信号源 2 设置工作频率分别为 f_1 和 f_2，$f_1 \neq f_2$，输出大小为 1 V 左右。

衰减器的设置：此时的衰减器是作为加法器和衰减器使用。在测量时，改变开关 K_1 和 K_2，分别衰减信号源 1 和信号源 2 的电压，输出电压 $V_D = K_1 V_1 + K_2 V_2$。

噪声电压测量仪的设置：低通滤波器截止频率 f_C 设置为 f_{LC} 远远大于 f_1 和 f_2，高通滤波器截止频率 f_C 设置为 f_{HC} 远远小于 f_1 和 f_2，使两正弦信号通过，不衰减。量程设置为 1 V，输入模式设置为"A"输入。

2）两个不同频率正弦波之和的均方根值的测量

对于不同频率的两正弦波相加应有公式：

$$\dot{V}_D = \dot{V}_1 + \dot{V}_2 = V_1 \cos \omega_1 t + V_2 \cos \omega_2 t \tag{6-50}$$

均方根值应有：

$$V_{D(rms)} = \sqrt{V_{1(rms)}^2 + V_{2(rms)}^2} \tag{6-51}$$

用示波器观察两正弦波相加后的波形。

（1）首先测量 $\dot{V}_1$ 的均方根值（对正弦波而言就是有效值）。置 $K_1=1$，再置 $K_2=10^{-1}\times10^{-1}\times10^{-1}$，即 $K_2=10^{-3}$，$\dot{V}_2$ 衰减了一千倍。输出电压为 $\dot{V}_1$（$\dot{V}_2$ 可以忽略）。由噪声电压测量仪读得 $V_{1(\text{rms})}$ 的值（如为 1 V）。

（2）置开关 $K_2=1$ 和 $K_1=10^{-3}$，测得 $\dot{V}_2$ 的均方根值 $V_{2(\text{rms})}$。

（3）置开关 $K_1=1$ 和 $K_2=1$，$\dot{V}_D=\dot{V}_1+\dot{V}_2$，此时的输出电压为两正弦波之和，测得 $V_{D(\text{rms})}$，应该满足式（6–51）。

上述测量是测量噪声均方根值的基础，因为噪声电压可以看成是无数个不同频率、不同相位、不同幅度的正弦波相加的结果。

2. 噪声电压和等效噪声带宽关系及单位带宽噪声电压的测量

测量框图如图 6–20 所示，图中的噪声源使用 C 分箱噪声源，输出幅度任意大小。衰减器使用 C 分箱中的衰减器，噪声由输入端 V_{I1} 输入，衰减器的输出端使用输出端 V_D，输出的噪声电压送至双相锁定放大器的输入端 A。锁定放大器输入模式设置为"A"输入。双相锁定放大器设置为噪声电压测量仪功能。

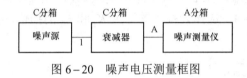

图 6–20　噪声电压测量框图

1）设置不同的等效噪声带宽，测量噪声电压

用示波器观察噪声波形，设置等效噪声带宽，使用双相锁定放大器信号通道中的高通滤波器、低通滤波器。由于这两种滤波器均是二阶滤波器，根据表 6–2，有 $\Delta f_N=1.11\Delta f_S$，可以求得等效噪声带宽 Δf_N，根据表 6–3，选择高通截止频率和低通截止频率，组成 5 个不同噪声带宽电路，测量得到 5 个噪声电压值，再求单位带宽噪声电压。

表 6–3　选择不同的噪声带宽测量噪声电压

序号 \ 参量	f_{HC}	f_{LC}	Δf_S	Δf_N	$V_{N(\text{rms})}$	$\dfrac{V_{N(\text{rms})}}{\sqrt{\Delta f_N}}$
1	100 Hz	300 Hz	200 Hz	222 Hz		
2	100 Hz	1 kHz	900 Hz	999 Hz		
3	100 Hz	3 kHz	2.9 kHz	3.2 kHz		
4	1 kHz	10 kHz	9.0 kHz	9.99 kHz		
5	1 kHz	30 kHz	29 kHz	32.19 kHz		

由测量结果得到下列结论：在白噪声条件下，噪声电压的均方根值与等效噪声带宽的平方根值成正比，也就是说当等效噪声带宽缩小至原来的 $\dfrac{1}{100}$ 时，则输出噪声电压缩小为原来的 $\dfrac{1}{10}$。因此，在工程中为了实现提高输出信噪比，总是采用减小等效噪声带宽的办法来实现。

2）单位带宽噪声电压 V_N

上述测量的噪声电压 $V_{N(rms)}$ 除等效噪声带宽 Δf_N 的平方根，即为单位带宽噪声电压 V_N，有公式：

$$V_N = \frac{V_{N(rms)}}{\sqrt{\Delta f_N}} \tag{6-52}$$

把 5 次测量值的计算结果填入表 6-3 的最后一列空格内。如果噪声源为白噪声源（单位带宽噪声功率相等），则单位带宽的噪声电压应该相等。若第一项 V_{N1} 大于第二项 V_{N2}，即 $V_{N1} > V_{N2} > V_{N3}$，$V_{N4} = V_{N5}$，表明噪声源并不是白噪声。其中有 $1/f$ 的低频噪声（频率越低，单位带宽的噪声功率越大）。

3. 两噪声电压相加的测量

在图 6-20 中增加一个噪声源 2，如图 6-21 所示。

测量方法与上述相似，选定某一等效噪声带宽 Δf_N，先把噪声源 2 的输出电压衰减一千倍，即 $K_2 = 10^{-3}$，测量噪声源 1 的输出噪声电压 V_{1N}（此时 $K_1 = 1$，不衰减）。再把设置衰减器 $K_1 = 10^{-3}$，$K_2 = 1$，测量噪声源 2 的输出噪声电压 V_{2N}，调节噪声源 2 的输出大小，使 V_{2N} 和 V_{1N} 大小相当。按表 6-4，选择衰减器的开关 K_1 和 K_2 的挡位，得到两噪声相加值，用示波器观察相加噪声的波形。

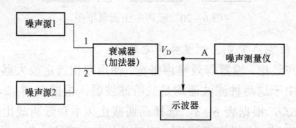

图 6-21　两噪声电压相加的测量框图

表 6-4　两噪声电压相加的测量数据表

$V_{1N(rms)}$	$V_{2N(rms)}$	K_1	K_2	$V_{DN(rms)}$ 理论值	$V_{DN(rms)}$ 实测值
		1	1		
		10^{-1}	1		
		1	10^{-1}		

4. 同一个噪声源相加的测量

上述的测量是两个不同的噪声源相加的结果，如果图 6-21 中的两个噪声源用同一个噪声源分成两路，同时输给衰减器两个输入端相加，这就是两个完全相同的噪声相加。重复上面的测量，对比二者结果。

注意事项

（1）HB-521 型微弱信号检测与噪声实验仪器系统 A 分箱的噪声电压测量仪和双相锁

定放大器是同一套设备，可以通过面板功能设置选择所需功能，具体操作见该仪器的使用说明书。

（2）使用噪声电压测量仪测量单位带宽噪声电压时要注意：

① 噪声分布要求基本上为均匀频谱的白噪声，对于不是白噪声的噪声电压频谱的测量就不能把噪声带宽选得太宽。

② 当测量的噪声带宽选得较窄时，噪声电压通过均方根值运算电路后，输出电压的起伏十分大，需要使用时间常数很大的低通滤波器，才能使噪声电压指示的数字较稳，不然无法读数。因此，在测量时，噪声带宽也不能选得太窄，建议选择Δf_N大于几百赫兹。

思考题

实验中用两个不同噪声源和同一噪声源测量噪声相加的结果有什么不同？请分析其原因。

近代光学实验

实验 7.1　用光拍频法测量光速

　　光速一般是指光在真空中的传播速度,实验测得各种波长的电磁波在真空中的传播速度都相同。据近代的精确测量,光速为 $2.997\,924\,58\times10^8$ m/s。它是自然界中重要常量之一。近代物理学理论的两大支柱之一——爱因斯坦的相对论,是建立在两个基本"公设"之上的,这两个基本"公设"之一就是"光在空虚空间里总是以确定的速度 c 传播的",即通常所说的真空中光速不变。由麦克斯韦电磁理论得到电磁波在真空中的传播速度是一个恒量,通过电磁学测出的这一恒量与实际测定的光速十分接近,于是麦克斯韦提出了光的电磁理论,认为光是在一定频率范围内的电磁波。1887 年的迈克尔逊–莫雷实验表明光速在任何惯性系都是不变的。爱因斯坦采用了麦克斯韦的理论作为他相对论的基础之一,而迈克尔逊–莫雷实验是相对论的重要实验基础。

　　目前光速测量技术,如光脉冲测量法、相位法等,还用于激光测距仪等测量仪器。

实验目的

(1) 理解光拍频概念。

(2) 掌握用光拍频法测量光速的技术。

实验原理

1. 光拍的产生和传播

两个同方向传播、同方向振动的简谐波,如果其频率差远小于它们的频率时,两波叠加即形成拍。

考虑满足上述条件的两束光,频率为 f_1 和 f_2,且 $|f_1-f_2|\ll f_1$ 及 $|f_1-f_2|\ll f_2$,设两光强相等,初相为 0,沿 x 方向传播:

$$\begin{cases} E_1 = E_0 \cos\left[\omega_1\left(t-\dfrac{x}{c}\right)\right] \\ E_2 = E_0 \cos\left[\omega_2\left(t-\dfrac{x}{c}\right)\right] \end{cases} \qquad (7-1)$$

可推导出合成波 E_S 的方程为

$$E_S = E_1 + E_2$$

$$= 2E_0 \cos\left[\frac{\omega_2 - \omega_1}{2}\left(t - \frac{x}{c}\right)\right] \cdot \cos\left[\frac{\omega_2 + \omega_1}{2}\left(t - \frac{x}{c}\right)\right] \qquad (7-2)$$

$$= 2E_0 \cos\left[2\pi\frac{f_2 - f_1}{2}\left(t - \frac{x}{c}\right)\right] \cdot \cos\left[2\pi\frac{f_2 + f_1}{2}\left(t - \frac{x}{c}\right)\right]$$

可见合成波是频率为 $(f_2 + f_1)/2$、振幅为 $2E_0 \cos\left[2\pi\dfrac{f_2 - f_1}{2}\left(t - \dfrac{x}{c}\right)\right]$ 的行波。注意到在

传播方向 x 上，任何一个确定点上 E_S 的振幅以频率 $(f_2 - f_1)/2$ 周期地变化，所以称它为光拍频波，如图 7−1 所示。

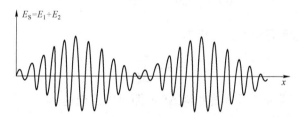

图 7−1　光拍频波

使用光敏二极管接收任何光信号时，光敏二极管输出的光电流与光强的平方，即电场强度的平方成正比。对于合成波 E_S，光敏二极管在空间一点检测，其输出的光电流为

$$i_0 = kE_S^2 \qquad (7-3)$$

式中：k 为由光敏二极管特性所决定的系数。将式（7−2）代入式（7−3），可以得到光电流 i_0

$$i_0 = kE_0^2 \{[1 - \cos(\omega_2 - \omega_1)(t - \varphi)] -$$
$$\cos[(\omega_2 + \omega_1)(t - \varphi)] + \qquad (7-4)$$
$$\frac{1}{2}\cos[2\omega_1(t - \varphi)] + \frac{1}{2}\cos[2\omega_2(t - \varphi)] \}$$

式中：$\varphi = x/c$。

由式（7−4）可知，光电流 i_0 应由直流分量、$f_2 - f_1$、$2f_1$、$2f_2$ 和 $f_2 + f_1$ 等频率成分组成。但由于光敏二极管能够输出的光电流信号频率远远低于 $2f_1$、$2f_2$ 和 $f_2 + f_1$，因此这些项不会在光电流 i_0 中出现。滤去直流分量后得到的光电流为

$$i_1 = k_1 E_0^2 \cos[(\omega_2 - \omega_1)(t - \varphi)]$$
$$= k_1 E_0^2 \cos[\Delta\omega(t - \varphi)] \qquad (7-5)$$
$$= k_1 E_0^2 \cos\left[2\pi\Delta f\left(t - \frac{x}{c}\right)\right]$$

式中：$k_1 = -k$。光电流 i_1 与光敏二极管的空间位置如图 7−2 所示。

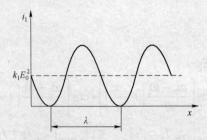

图 7-2   光电流 i_1 与光敏二极管的空间位置的关系

从式（7-5）可以看出，处于不同空间位置 x 的光敏探测器，在同一时刻 t 有不同相位的光电流输出，因此可以用比较相位的方法间接测量光速。由（7-5）式可知，光拍频波中同相位的点有如下关系

$$\Delta\omega\frac{x}{c}=2n\pi \qquad 或 \qquad x=\frac{nc}{\Delta f}$$

式中：n 为整数。相邻两同相点的距离为

$$\lambda=\frac{nc}{\Delta f} \qquad\qquad\qquad (7-6)$$

即相当于拍频的波长。测定了 λ 和光拍频 Δf，即可确定光速 c。

2. 相拍两光束的获得

光拍频波要求相拍的两束光具有一定的频差。使激光束产生固定频移的方法很多。一种常见的方法是使超声波与光波互相作用。超声波在介质中传播时，其声压使介质产生疏密交替的变化，促使介质的折射率相应地作周期性变化，就成为一个相位光栅。这就使入射的激光束发生了与声频有关的频移，实现了使激光频移的目的。

利用声光作用产生频移的方法有两种：一种是行波法，另一种是驻波法。这里采用驻波法。

1）行波法

在声光介质与声源（压电换能器）相对端面上用吸声材料防止声反射，以保证在介质中只有声的行波通过，如图 7-3（a）所示。

当入射光通过介质时，激光束产生对称的多级衍射。第 L 级衍射光的角频率为

$$\omega_L=\omega_0+L\cdot\Omega \qquad\qquad\qquad (7-7)$$

式中：ω_0 入射光的角频率；Ω 为声波的角频率；L 为衍射级数。

通过仔细调整光路，可使 +1 级衍射光与 0 级衍射光平行叠加，产生频差为 $\Delta\omega=\omega_0+\Omega-\omega_0=\Omega$ 的光拍频波。

2）驻波法

如图 7-3（b）所示，当介质传声的厚度为声波半波长的整数倍时，由于声波的反射，使介质中存在驻波声场，它也产生 L 级对称衍射，而且衍射效率高，衍射光比使用行波法时强得多。第 L 级衍射光的频率为

$$\omega_L=\omega_0+(2m+L)\Omega \qquad\qquad\qquad (7-8)$$

式中：L 和 m 都取整数。可见在同一级衍射光中，就含有众多不同频率的光波，选择其中两

种就可以形成光拍。例如，选 $L=0$，$m=0$ 和 1 的两种频率成分叠加得到拍频为 2Ω 的拍频波。

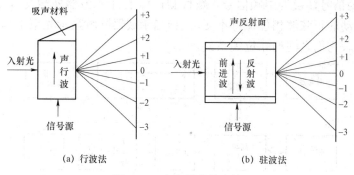

图 7-3　产生频移的方法

3. 光速的获得

两束拍频同为 2Ω 的光，从同一点出发，其拍频初相相同。光束 1 和光束 2 走的光程不同，但最终到达同一点，当这两束光到该点的光程差等于光拍频波长 λ 的整数倍时，由式（7-6）可知，两束光拍频的相位相同。这样，只要调整光程差，找到两束光拍频的相位相同且距离最近的点，这个光程差即为 λ，而 $\Delta f=2\Omega, n=1$，由式（7-6）就可得到光速 c。

实验装置

1. 光路部分

光路如图 7-4 所示。激光束经移频器产生拍频为 2Ω 的拍频光波，光束 1 经半反射镜 3、5 进入光敏探测器；光束 2 经半反射镜 3、反射镜 6～12 和半反射镜 5 进入光敏探测器；斩光器 4 对两光束进行切换，使其交替到达光敏探测器。调整反射镜组 12 的位置就能改变两光束的光程差。

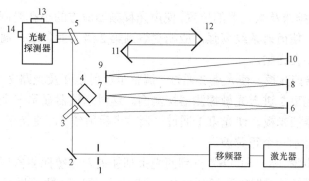

图 7-4　实验光路图

1—光阑；2，6～10—反射镜；3，5—半反射镜；4—斩光器；

11，12—反射镜组；13，14—光敏接收器调节旋钮

2. 电路部分

电路原理框图如图 7-5 所示。高频信号源给声光移频器提供数十 MHz 的驱动正弦波，光敏探测器把光信号转换成电信号，在斩光器的作用下，示波器交替显示光束 1 和光束 2

经变频电路变频后的波形。

为了使用频率较低的普通示波器（$f_c < 20\,\text{MHz}$）观测，变频电路将光敏探测器输出的频率为数十 MHz 的信号转换为中频信号（数百 kHz）。由于示波器外触发信号（EXT TRIG）与声光移频器驱动的正弦波相位保持不变，这样当示波器同时显示光束 1 和光束 2 产生的波形时，就可以比较它们之间的相位关系。

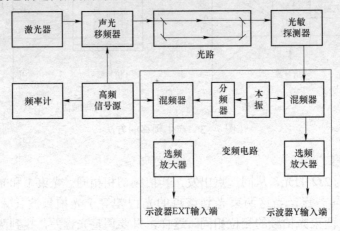

图 7-5　电路原理框图

实验步骤

（1）打开仪器总电源。打开激光器电源，调节电流，使激光器稳定出光。

（2）打开示波器电源开关，触发选择"EXT"挡，水平输入选择时间信号。其他各项参见有关示波器使用手册。

（3）打开频率计电源开关，打开声光移频器电源开关，预热 10 min。调节高频信号输出到指定频率。

（4）调节声光移频器及激光器的位置，使声光移频器前方的小孔光阑处可见到衍射条纹。微调频率输出旋钮，使衍射条纹变强，应能观察到第 2 级衍射条纹。调节小孔光阑的位置，使 0 级衍射光通过小孔光阑。

（5）调整斩光器挡光板，使光束 2 通过。调整全反射镜 2 及光路 2 中的各反射镜和光敏探测器的位置，使光束 2 进入光敏探测器探测面。这时示波器显示一个正弦波。

（6）调整斩光器挡光板，使光束 1 通过。调节半反射镜 5，使光束 1 进入光敏探测器探测面。这时示波器显示一个正弦波。

（7）反复进行步骤（5）和（6）直到两光束都能进入光敏探测器探测面。

（8）打开斩光器开关，把转速调到最高。这时示波器同时显示两束光的信号波形。调节反射镜组 12 的位置，改变光程差，使两个正弦波同相位。

（9）用米尺测出两束光的光程差，读取频率计显示的频率 F。这时的拍频 $\Delta f = 2\Omega/2\pi = 2F$，光程差为 λ，$n=1$。由（7-6）式求出光速 c。

（10）反复测量 6 次，求出光速值及标准差。

（11）重复步骤（9）和（10），但选择 $n=2$。

注意事项

（1）注意保护各光学镜面，严禁触摸。测量光程时尺子不要碰到光学镜面。
（2）激光器接线处有高压电，调整时注意安全。
（3）调整光路时动作要轻，不要硬拧各调节旋钮。
（4）实验中两光束显示的波形幅度往往不同，这并不影响调整和测量。

思考题

1. 图 7-5 中的两个混频器和分频器的作用是什么？试说明变频电路的工作原理。
2. 如何观察两列波的相位差，怎样保证精度？
3. 分析实验误差与哪些因素有关，怎样提高测量精度？

实验 7.2 用光拍频法测量介质折射率

光拍频法光速测量仪除了测量光在真空（空气）中的速度，还可以测量其他介质的折射率。从半导体激光器发出的光通过声光器件取一级衍射光，分成两路，一路为参考光路，另一路由光学元件产生光程差，在示波器上显示两波不重合，调节导轨上的棱镜小车，使得两波重合，棱镜小车移动的距离乘以真空的折射率（$n=1$）为两波的光程差。利用光程差原理可将真空介质换成其他介质（如水、有机玻璃、酒精等），并计算出该介质的折射率。

实验目的

（1）掌握光拍频与光程差原理。
（2）掌握用光拍频法测量光速与介质折射率的方法。

实验原理

1. 光拍的产生和传播

根据振动叠加原理，频差较小、速度相同的两同向传播的简谐波相叠加即形成拍。考虑频率分别为 f_1 和 f_2（频差 $\Delta f = f_1 - f_2$ 较小）的光束（为简化讨论，假定它们具有相同的振幅）

$$E_1 = E\cos[\omega_1 t - K_1 X + \varphi_1]$$
$$E_2 = E\cos[\omega_2 t - K_2 X + \varphi_2]$$

它们的叠加

$$E_s = E_1 + E_2 = 2E\cos\left[\frac{\omega_1 - \omega_2}{2}\left(t - \frac{x}{c}\right) + \frac{\varphi_1 - \varphi_2}{2}\right] \cdot \cos\left[\frac{\omega_1 + \omega_2}{2}\left(t - \frac{x}{c}\right) + \frac{\varphi_1 + \varphi_2}{2}\right] \quad (7-9)$$

是角频率为 $\dfrac{\omega_1 + \omega_2}{2}$、振幅为 $2E\cos\left[\dfrac{\omega_1 - \omega_2}{2}\left(t - \dfrac{x}{c}\right) + \dfrac{\varphi_1 - \varphi_2}{2}\right]$ 的前进波。注意到 E_s 的振幅以

频率 $\Delta f = \dfrac{\omega_1 + \omega_2}{2\pi}$ 周期地变化，所以称它为拍频波，Δf 就是拍频，如图 7-6 所示。

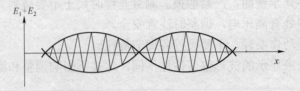

图 7-6　光拍频的形成

使用光电检测器接收这个拍频波，因为光电检测器的光敏面上光照反应所产生的光电流系光强（即电场强度的平方）所引起的，故光电流为

$$i_0 = gE_S^2 \tag{7-10}$$

式中：g 为光电检测器的光电转换常数。把式（7-9）代入式（7-10），同时要注意，由于光频甚高（$f_0 > 10^{14}$ Hz），光敏面来不及反应频率如此之高的光强变化，迄今仅能反映频率 10^8 Hz 左右的光强变化，并产生光电流；将 i_0 对时间积分，并取对光电检测器的响应时间 $t\left(\dfrac{1}{f_0} < t < \dfrac{1}{\Delta f}\right)$ 的平均值。结果 i_0 积分中高频项为零，只留下常数项和缓变项，即

$$\bar{i_0} = \frac{1}{t}\int_t i_0 \cdot \mathrm{d}t = gE^2\left\{1 + \cos\left[\Delta\omega\left(t - \frac{x}{c}\right) + \Delta\varphi\right]\right\} \tag{7-11}$$

式中：$\Delta\omega$ 是与 Δf 相应的角频率；$\Delta\varphi = \varphi_1 - \varphi_2$ 为初相。可见光电检测器输出的光电流包含有直流和光拍信号两种成分。滤去直流成分，即得频率为拍频 Δf、相位与初相和空间位置有关的输出光拍信号。

图 7-7 是光拍信号 i_0 在某一时刻的空间分布，如果接收电路将直流成分滤掉，即得纯粹的拍频信号在空间的分布。这就是说处在不同空间位置的光电检测器，在同一时刻有不同相位的光电流输出，因此可以用比较相位的方法间接地确定光速。

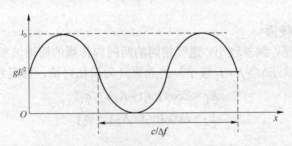

图 7-7　光拍信号 i_0 在某一时刻的空间分布

事实上，由式（7-11）可知，光拍频的同相位诸点有如下关系

$$\Delta\omega\frac{x}{c} = 2n\pi \quad \text{或} \quad x = \frac{nc}{\Delta f} \tag{7-12}$$

式中：n 为整数。两相邻同相点的距离 $\Lambda = \dfrac{c}{\Delta f}$，即相当于拍频

波的波长。测定了 Λ 和光拍频 Δf，即可确定光速 c。

2. 相拍二光束的获得

光拍频波要求相拍二光束具有一定的频差。使激光束产生固定频移的办法很多。一种最常用的办法是使超声波与光波互相作用。超声波（弹性波）在介质中传播，引起介质光折射率发生周期性变化，就成为一个相位光栅。这就使入射的激光束发生了与声频有关的频移，也就达到了使激光束频移的目的。

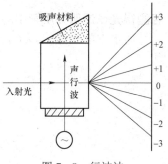

图 7-8 行波法

利用声光相互作用产生频移的方法有两种。一是行波法，在声光介质的与声源（压电换能器）相对的端面上敷以吸声材料，防止声反射，以保证只有声行波通过，如图 7-8 所示。互相作用后，激光束产生对称多级衍射。第 l 级衍射光的角频率为 $\omega_l = \omega_0 + l \cdot \Omega$，其中 ω_0 为入射光的角频率，Ω 为声角频率，衍射级 $l = 0, \pm 1, \pm 2, \cdots$，如其中 +1 级行射光频为 $\omega_0 + 1 \cdot \Omega$，衍射角为 $\alpha = \dfrac{\lambda}{\Lambda}$，$\lambda$ 和 Λ 分别为介质中的光波长和声波长。仔细调节光路，可使 +1 与 0 级的两光束平行叠加，产生频差为 Ω 的光拍频波。

另一种是驻波法，如图 7-9 所示。利用声波的反射，使介质中存在驻波声场（相应于介质传声的厚度为半声波长的整数倍的情况）。它也产生 l 级对称衍射，而且衍射光比行波法时强得多（衍射效率高），第 l 级的衍射光频为

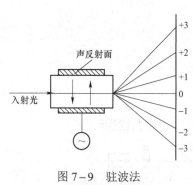

图 7-9 驻波法

$$\omega_{lm} = \omega_0 + (l + 2m)\Omega$$

其中 $l, m = 0, \pm 1, \pm 2, \cdots$，可见在同一级衍射光束内就含有许多不同频率的光波的叠加（当然强度不相同），因此不用调节光路就能获得拍频波。例如选取第 1 级，由 $m = 0$ 和 -1 的两种频率成分叠加得到拍频为 2Ω 的拍频波。两种方法比较，显然驻波法有利。

3. 光程差原理

将两棱镜小车调节至两波重合的位置，在导轨 B 上装上其他透明介质管，此时光通过其他介质后在示波器上显示两波不重合，移动导轨 A 上的棱镜小车，使得两波再次重合，记下导轨 A 上棱镜小车原来位置为 D_{a0}，调节后位置为 D_{a1}，介质管长度为 L，则光在空气中和介质管中的光程差为

$$2(n-1)L = 2\left|D_{a0} - D_{a1}\right| \Rightarrow n = \frac{\left|D_{a0} - D_{a1}\right|}{L} + 1$$

式中：n 为介质的折射率。

4. 空气的光速

根据光在透明介质里的传播速度 v 小于真空中的速度 c。c 与 v 的比值是该透明介质的折射率，即

$$n = \frac{c}{v}$$

若测得光在透明介质管中的速度，则能得到透明介质的折射率。

而水中的光速 $v = \lambda f$，在示波器上找出介质的波和空气中的波的相位关系。

$$\Delta\theta = \frac{2(n-1)L}{\lambda} 2\pi$$

$$\Delta\theta = \frac{n_2}{n_1} 2\pi$$

$$\lambda = 2(n-1)L \cdot \frac{n_1}{n_2}$$

$$c = \lambda f = 2(n-1)L \cdot \frac{n_1}{n_2} \cdot f$$

$$n = \frac{cn_2}{2n_1 Lf} + 1$$

因此，$\Delta\theta$ 可由示波器中一个完整波长所对应的格数 n_1 和加载介质后波峰移动的格数 n_2 求得，即 $\Delta\theta = \frac{n_2}{n_1} 2\pi$。

实验装置

1. 光路部分

光路部分如图 7-10 所示。

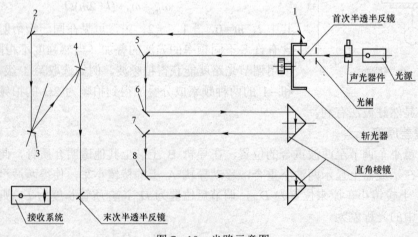

图 7-10　光路示意图

1，2，3，4—内（近）光路全反光镜；5，6，7，8—外（远）光路全反光镜

2. 电路部分

电路部分如图 7-11 所示。

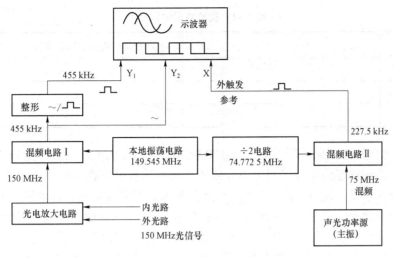

图 7-11　电路示意图

实验步骤

（1）调节电路控制箱面板上的"频率"和"功率"旋钮，使示波器上的图形清晰、稳定（频率在 75 MHz±0.02 MHz 处，功率指示一般在满量程的 60%～100%）。

（2）调节声光器件平台的手调旋钮 2，使激光器发出的光束垂直射入声光器件晶体中，产生 Raman-Nath 衍射（可用一白屏置于声光器件的光出射端以观察 Raman-Nath 衍射现象），这时应明确观察到 0 级光和左右两个（以上）强度对称的衍射光斑，然后调节手调旋钮 1，使某个 1 级衍射光正好进入斩光器。

（3）内光路的调节：调节光路上的平面反射镜，使内光程的光打在光电接收器入光孔的中心。

（4）外光路的调节：在内光路调节完成的前提下，调节外光路上的平面反射镜，使棱镜小车 A/B 在整个导轨上来回移动时，外光路的光也始终保持在光电接收器入光孔的中心。

（5）反复进行步骤（5）和（6），直至示波器上的两条曲线清晰、稳定且幅值相等。注意调节斩光器的转速要适中。过快，则示波器上两路波形会左右晃动；过慢，则示波器上两路波形会闪烁，引起眼睛观看的不适。另外各光学器件的光轴设定在平台表面上方 62.5 mm 的高度，调节时注意保持不变。

（6）记下频率计上的读数 f，在步骤（8）和（9）中应随时注意 f，如发生变化，应立即调节声光功率源面板上的"频率"旋钮，保持 f 在整个实验过程中的稳定。

（7）利用千分尺将棱镜小车 A 定位于导轨 A 最左端某处（如 5 mm 处），这个起始值记为 $D_{a(0)}$；同样，从导轨 B 最左端开始移动棱镜小车 B，当示波器上的两条正弦波完全重合时，记下棱镜小车 B 在导轨 B 上的读数，反复重合 5 次，取这 5 次的平均值，记为 $D_{b(0)}$。

（8）将棱镜小车 A 定位于导轨 A 右端某处（如 535 mm 处，这是为了计算方便），这个值记为 $D_{a(2\pi)}$；将棱镜小车 B 向右移动，当示波器上的两条正弦波再次完全重合时，记下棱镜小车 B 在导轨 B 上的读数，反复重合 5 次，取这 5 次的平均值，记为 $D_{b(2\pi)}$。

（9）将上述各值填入表 7-1 中，计算出光速 v。

表 7−1　实验数据记录表 1

次数	$D_{a(0)}$	$D_{a(2\pi)}$	$D_{b(0)}$	$D_{b(2\pi)}$	f	$v = 2 \times f \times [2 \times (D_{b(2\pi)} - D_{b(0)}) + 2 \times (D_{a(2\pi)} - D_{a(0)})]$	误差
1							
2							
3							

（10）用光程差法测介质折射率：将磁铁座放在外侧导轨上，此时外侧导轨上的棱镜小车移到右端。两磁铁座间距要满足能将介质管放在两端水平位置。把介质管放在磁铁座上，注意保证介质管水平，调节"功率"和"频率"旋钮，旋转介质管，直到示波器上的波形完整平滑。记录下此时的频率 f，并测量管的长度 L。移动内侧棱镜小车，直到两列正弦波重合，记录此时位置 D_{a0}。注意调节重合时，记录得到的光波比参考光可能低点，可以将参考光波峰移到与示波器表面的格线重合的位置，再移动棱镜小车，使两列波的波峰重合。取下介质管，移动内侧棱镜小车，直到两列波再次重合，记录此位置 D_{a1}。将上述各值填入表 7−2 中。

表 7−2　实验数据记录表 2

次数	D_{a0}	D_{a1}	L	$n = \dfrac{|D_{a0} - D_{a1}|}{L} + 1$	标准值	误差
1						
2						

（11）用光速法测介质折射率：调整棱镜小车位置，让两列波完全重合，此时观察示波器，一个完整的波所占的格数 n_1（注意调节示波器让一束波占有的格数为整数）。按照上面光程差的方法加载介质管，调节"频率"和"功率"旋钮，使示波器上可以观察到清晰的波。观察接收信号的波和参考波之间的相位差，目测相位差所占的格数 n_2。将上述各值填入表 7−3 中。

表 7−3　实验数据记录表 3

次数	n_1	n_2	f	L	$n = \dfrac{cn_2}{2n_1 L f} + 1$	误差
1						
2						

注意事项

（1）注意保护各光学镜面，严禁触摸。测量光程时尺子不要碰到光学镜面。

（2）激光器接线处有高压电，调整时注意安全。

（3）调整光路时动作要轻，不要硬拧各调节旋钮。

（4）实验中两光束显示的波形幅度往往不同，这并不影响调整和测量。

思考题

1. 分析声光移频器工作频率对实验的影响。
2. 分析光程差法与光速法测量介质折射率实验误差与哪些因素有关。

实验 7.3　激光多普勒测速

1842 年奥地利人多普勒（J.C.Doppler）指出：当波源和观察者彼此接近时，收到的频率变高；而当波源和观察者彼此远离时，收到的频率变低。这种现象称为多普勒效应，可用于声学、光学、雷达等与波动有关的学科。不过，应该指出，声学多普勒效应与光学多普勒效应是有区别的。在声波中，决定频率变化的不仅是声源与观察者的相对运动，还要看两者哪一个在运动。声速与传播介质有关，而光速不需要传播介质，不论光源与观察者彼此相对运动如何，光相对于光源或观察者的速率相同。因此，光学多普勒效应有更好的实用价值。20 世纪 60 年代初，激光技术兴起，由于激光优良的单色性和定向性及高强度，激光多普勒效应可以用来进行精密测量。

1964 年两个英国人 Yeh 和 Cummins 用激光流速计测量了层流管流分布，开创激光多普勒测速技术。激光多普勒测速仪（laser Doppler velocimeter，LDV），是利用激光多普勒效应来测量流体或固体速度的一种仪器。由于它大多用于流体测量方面，因此也被称为激光多普勒风速仪（laser Doppler anemometer，LDA），也有称作激光测速仪或激光流速仪（laser velocimeter，LV）的。20 世纪 70 年代便有产品上市，20 世纪 80 年代中期随着计算机的出现和电子技术的发展，激光测速技术日趋成熟，在剪切流、内流、两相流、分离流、燃烧、棒束间流等各复杂流动领域取得了丰硕的成果。激光测速在涉及流体测量方面，已成为产品研发不可或缺的手段。

实验目的

（1）了解激光多普勒测速的基本原理。
（2）了解双光束激光多普勒测速仪的工作原理。
（3）掌握一维流场流速测量技术。

实验原理

1. 多普勒信号的产生

如图 7–12 所示，由光源 S 发出频率为 f 的单色光，被速度为 v 的粒子（如空气中的一粒细小的粉尘）P 散射，其散射光由 Q 点的探测器接收。由于多普勒效应，粒子 P 接收到的光频率为

$$f' = \frac{f}{\sqrt{1-v^2/c^2}}\left(1+\frac{v}{c}\cos\theta_1\right) \qquad (7-13)$$

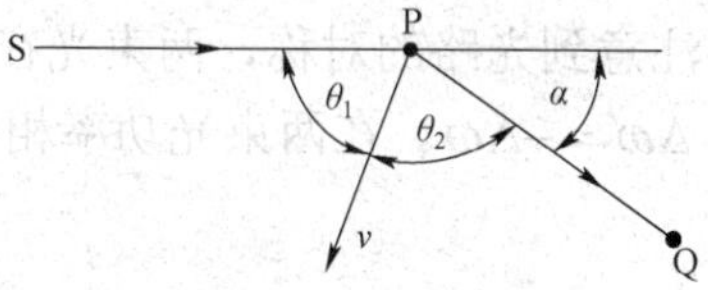

式中：c 为光速。同样由于多普勒效应，在 Q 点所接收的粒

图 7–12　多普勒信号的产生

子 P 的散射光频率为

$$f'' = \frac{f'\sqrt{1-v^2/c^2}}{1-(v/c)\cos\theta_2} \qquad (7-14)$$

那么当 $v \ll c$ 时，Q 点接收的频率为

$$\Delta f = f'' - f = \frac{fv}{c}(\cos\theta_1 + \cos\theta_2) \qquad (7-15)$$

如果粒子 P 以速度 v 进入两束相干光 S 和 S′ 的交点，并在 Q 点接收散射光，如图 7-13 所示，由于 S 和 S′ 是方向不同的两束光，在 Q 点将产生两种接收频率。对光束 S 的频率差同式（7-15），对于光束 S′ 的频率差为

$$\Delta f' = \frac{fv}{c}(\cos\theta_1' + \cos\theta_2) \qquad (7-16)$$

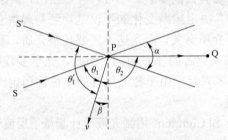

图 7-13　双光束多普勒信号的产生

最后得到两种频率差之差为

$$f_D = \Delta f - \Delta f' = \frac{2v}{\lambda}\sin\frac{\alpha}{2}\cos\beta \qquad (7-17)$$

式中：λ 是相干光的波长；f_D 是多普勒信号频率。在一定光路条件下，$\dfrac{2}{\lambda}\sin\dfrac{\alpha}{2}$ 是一个常数，于是式（7-17）可写成

$$f_D = a\cos\beta \cdot v \qquad (7-18)$$

式中：a 是光机常数。可见，当 β 为定值时（粒子运动方向不变），f_D 与粒子的速度成正比关系。因此，只要测量出 f_D 就可以得到速度 v。

这种用两束光相交与测量点的 LDV 方式称为双光束 LDV 或差动 LDV，是一维流场测量最常用的方法。

2. f_D 信号的接收

这里以双光束 LDV 光路为例，讨论 f_D 信号的接收。

为了使问题简化，设 β 为 0，即粒子运动方向与两束光夹角平分线垂直，见图 7-13。注意到光路的对称，两束光在 Q 点散射光的角频率差，由式（7-15）和式（7-16）可知 $\Delta\omega' = -\Delta\omega$。在两束光功率相等时，在 Q 点的接收光强分别为

$$E_1 = E_0\cos[(\omega+\Delta\omega)t + \varphi_1] \qquad (7-19)$$

$$E_2 = E_0\cos[(\omega-\Delta\omega)t + \varphi_2] \qquad (7-20)$$

式中：ω为相干光的角频率。光敏探测器（如雪崩光敏二极管）的输出电流与入射光强的平方成正比。探测器的输出电流为

$$I(t) = kE^2 = k(E_1 + E_2)^2 \qquad (7-21)$$

式中：k为表征探测器灵敏度的系数。将式（7-19）和式（7-20）代入式（7-21），整理后

$$I(t) = kE_0^2[1 + \cos(2\Delta\omega t + \varphi_1 - \varphi_2) + \cos(2\omega t + \varphi_1 + \varphi_2) + \\ \cos(2\omega t + 2\Delta\omega t - 2\varphi_1) + \cos(2\omega t - 2\Delta\omega t + 2\varphi_2)] \qquad (7-22)$$

由式（7-22）可知，光电流 $I(t)$ 应由直流分量、差频项 $2\Delta\omega$、倍频项 2ω 频率成分组成。但由于探测器能够输出的光电流信号频率远远低于相干光的频率，因此在光电流 $I(t)$ 中只能出现差频项 $2\Delta\omega$ 和直流分量。因此，探测器输出的光电流为

$$I(t) = kE_0^2[1 + \cos(2\Delta\omega t + \varphi_1 - \varphi_2)] \qquad (7-23)$$

根据式（7-23）即可测量出多普勒信号频率 f_D，得到粒子的速度。

由于激光束横截面上光强为高斯分布，粒子只有进入两光束相交的区域才能产生散射，一个粒子的信号波形如图 7-14 所示。前面所说的直流分量实际上是一个低频分量，由图中的虚线表示。频率为 f_D 的波叠加到这个低频分量上，波形的包络线近似高斯曲线。

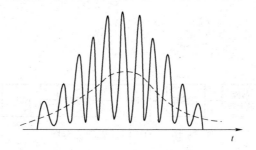

图 7-14　一个粒子的信号波形

3. 用干涉条纹区解释双光束 LDV

对于双光束 LDV 有一种不涉及多普勒效应的简单解释。如图 7-15 所示，两束相干光相交，由于干涉现象，会产生一个干涉条纹区，条纹间距为

$$S = \frac{\lambda}{2\sin(\alpha/2)} \qquad (7-24)$$

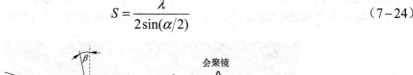
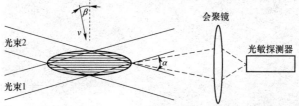

图 7-15　双光束 LDV 的光路图

如果一个尺寸小于条纹间距的粒子，以速度 v 进入条纹区，由于光强明暗相间，每当粒子运动到明场时将散射出一个光脉冲；通过条纹区，将散射出一串光脉冲。通过简单的计算，可知脉冲串的频率为

$$f_D = \frac{2v}{\lambda}\sin\left(\frac{\alpha}{2}\right)\cos\beta \qquad (7-25)$$

结果和式（7-17）完全一样。

用干涉条纹区解释双光束 LDV，比较简单，但不能解释多普勒信号的波形特点。

可以证明，无论从任何方向接收条纹区的散射光，其多普勒信号的频率 f_D 都是相同的，其波形特点也是相同的。因此可以用一组透镜将来自条纹区的散射光会集一点，以大大提高接收信号的强度。

4. 散射粒子的速度代表流体的速度

在流体中，有许多尺寸为微米级的小粒子，其质量很小，运动速度可以跟得上流体的速度变化。足够多的粒子流经流场中的某一点时，虽然它们的速度会有差别，但速度的统计平均就可以代表场点的流速。

5. 多普勒信号处理

多普勒信号的处理方法有频谱分析法、频率跟踪解调法、计数法等。如图 7-16 所示，在本实验中，首先对多个单列波群分别做频谱分析，得到一系列普勒信号频率 f_{Di}；再计算这些频率 f_{Di} 的统计平均值，如求算术平均值，得到表示流速的频率 f_D；最后由式（7-25）得到流速 v。

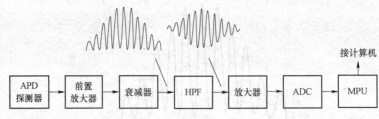

图 7-16　LDV 信号处理方框图

为了消除波群信号携带的噪声和干扰，需要对信号进行滤波等处理。当一个粒子进入条纹区时，探测器输出的信号经放大、滤波后，成为一个上下对称的、包络线近似高斯曲线的多普勒波群。其中高通滤波器（HPF）用来消除"基座"，即前面说的多普勒信号直流分量。

图 7-17 是经信号处理后的单个粒子的波群信号，一般在粒子较少的气体流速测量中往往会得到这样的信号。波群信号下面是它的频谱曲线，这里只显示出了基频，右下角的对话框显示基频及各次谐波的幅度值。其中的基频就是该波群的多普勒频率 f_{Di}。

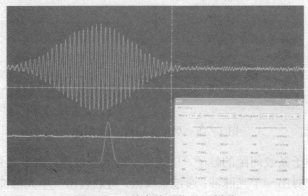

图 7-17　单个粒子信号及频谱

实验装置

本实验装置包括激光流速仪光路部分、LDV 信号处理器、PC 机、流场。

光路采用典型的双光束 LDV 布局，如图 7–18 所示。

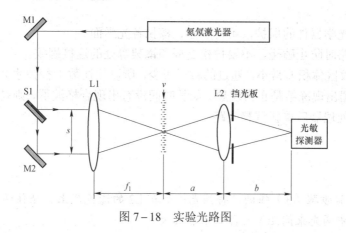

图 7–18　实验光路图

其中 M1、M2 是全反射镜，S1 是 5∶5 分光镜，L1 是焦距 f_1=150 mm 的凸透镜，L2 是焦距 f_2=38 mm 的凸透镜，挡光板用来遮住两束直射光。如果测量气流速度，只要将吹风机对准条纹区即可，也可以测量方形玻璃管内水流的速度。

实验步骤

（1）调整发射部分。按照图 7–18 所示搭建和调整光路。相互平行两束光的间距 s=20～30 mm 搭建光路时先不要将玻璃管、L2 和光敏探测器摆到光路中。将白屏放到 L1 焦距处，仔细调整 S1、M2 和 L1 的角度、高度和距离等，使两光点重合。再将检查镜放到 L1 焦点处，白屏放到前方约 0.5 m 处，观察两光点是否严格重合及条纹情况；通过微调 M1 反射镜支架上的两个调节螺丝，得到清晰的条纹区。

（2）调整接收部分。L2 和光敏探测器的位置见图 7–18，可取 a=80～90 mm，根据透镜公式计算出 b。仔细调整 L2 和光敏探测器，使两光点交于探测器小孔内的探测窗上。

（3）将挡光板套在 L2 的透镜座上，挡住两束直射光。

（4）风机出风口正交对准条纹区，开风机。

（5）将信号处理器的 APD 电压调到第一条刻度线，衰减器预置为 –8 dB，根据预估流速范围设定 HPF。打开信号处理器、示波器。

（6）观察多普勒波形，调整信号处理器的各项设置和示波器，出现理想波形。如果未出现波形，应关上信号处理器电源，重复步骤（2）～（6）。

（7）打开计算机，进入 LDV 应用程序，设置各参数。

（8）通过改变风机电压，测量多种流速。

数据处理

（1）计算各流速的统计平均值，画出速度分布曲线。

（2）画出水泵电压和流速的关系曲线。

注意事项

（1）调整光路时不得打开信号处理器，必须装好挡光板，挡住两束光，才能打开信号处理器。

（2）注意对光学器件的保护，不得触碰、擦拭各光学面。

（3）调整光路时防止磕碰，不要拧松支杆和镜架等处的连接螺纹。

（4）由于条纹区体积非常小，通过的粒子很少，所以往往数十秒钟才会出现一个合格的波群，此时示波器出现冻结是正常现象。如长时间没有出现合格波群，则是光路调整未达要求，应关闭信号处理器后重新调整光路。

思考题

1. 为什么实验步骤（3）强调"将挡光板套在 L2 的透镜座上，挡住两束直射光"？

2. 图 7-18 中两光束间距 s 为什么不能太大？

3. 欲测量高速气体，对仪器有哪些要求？在使用相同信号处理器的情况下，如何改变光路以提高待测流速上限？

4. 如不使用计算机，如何用数字示波器完成测量？

参考文献

［1］DRAIN L E. The Laser Doppler Technique［M］. John Wiley &Sons Ltd，1980.

［2］沈熊. 激光多普勒技术及应用［M］. 北京：清华大学出版社，2004.

第 **8** 部分

超声成像实验

实验　超声波扫描成像

实验目的

（1）了解脉冲回波超声测量的原理，掌握实验仪器的使用方法。

（2）采用回波幅度 B 型图像显示方法，研究物体剖面超声波图像。

（3）以有机玻璃试块为样品，利用物体表面及内部的反射波成像，模拟水下地貌测绘、水下地壳扫描和水下地藏勘探等实用技术。

实验原理

1. 超声波扫描成像原理

超声波扫描成像是利用超声波呈现物体表面或不透明物体内部结构的技术。软件控制产生电振荡并加于换能器（探头）上，激励探头发射超声波，超声波经过声透镜聚焦在试样上，从试样透出的超声波携带了被扫描部位的信息（如对声波的反射、吸收和散射的能力），经声透镜会聚在压电接收器上，将检测到的超声信号转化为电信号，所得电信号输入放大器进行放大，通过一定方式显示出来。超声波在两种不同声阻抗的介质交界面上将会发生反射，利用反射回波声程测量界面的位置分布，从而得到物体表面的轮廓图。由于反射回波能量的大小与交界面两边介质声阻抗的差异和交界面的取向、大小有关，可以通过分析反射回波波形，得到不透明物体的内部结构（位置及大小）。超声波扫描成像的原理框图如图 8-1 所示。

图 8-1　超声波扫描成像的原理框图

脉冲反射式扫描成像的原理为：通过测量超声波在不同组织层界面反射回来的时间或反射回波的幅度来绘制不同界面层的图像。工作方法为：发射电路发出脉冲很窄的周期性电脉冲，通过电缆加到探头上，激励探头压电晶片产生超声波，该超声波在不同介质表面多次反射；反射回波信号经接收电路，送到灵敏度调节电路，对回波信号进行放大或衰减；对处理过的回波信号进行检波后送到模/数转换（数据采集）模块。在同步信号的配合下，检波后的回波信号在模/数转换电路中数字化，通过 PCI 插槽把数字信号传送到计算机中，由软件处理后以 A、B、C 显示方式输出到显示器屏幕。

2. 超声耦合方式

按耦合方式分类，超声波扫描成像可分为接触法与水浸法两种。接触法——将探头与工件表面直接接触进行检测，通常将探头与检测面之间涂一层很薄的耦合剂，用以改善探头与检测面之间的传输。接触法适用于手工检测，在用于自动检测时，一般只适用于有规则外形的扫查面，且对扫查面的光洁度要求高，同时由于探头反复接触和离开扫查面，机械稳定性和检测重复性较差。水浸法——超声探头与工件检测面之间有一定厚度的水层，水层厚度视工件厚度、材料声速及检测要求而异，但是水层必须清洁，无气泡和杂质，对工件有润湿能力，其温度应与被检测工件相同，否则会对超声检测造成较大干扰。水浸法通常用于自动检测，适用于不规则外形的扫查面，且耦合好，不磨损探头，对被检测工件表面状态要求不高，能减少近场盲区的影响。

3. 超声扫描方式

超声波的三种扫描方式包括：A 型扫描、B 型扫描和 C 型扫描。对 C 型扫描的结果进行坐标变换，可以得到 3D 图像。

1）A 型扫描

超声探头发射超声脉冲后转为接收模式，接收超声脉冲并将反射波脉冲的到达时间和幅度脉冲显示在示波器上。其中脉冲之间的距离表示了反射界面的深度，脉冲的幅度表示反射的强度。示波器显示界面的横坐标代表声波的传播时间（或距离），纵坐标代表反射波的幅度。根据波形的形状可以看出被测物体里面是否有异常和缺陷位置、尺寸等。

2）B 型扫描

B 型扫描是以 A 型扫描为基础的一种灰度调制性显示方式。B 型扫描与 A 型扫描模式相似，只是反射脉冲显示的方法不同，它用灰度不同的点来代表反射脉冲强度。B 型扫描可以直线扫描，即使超声探头和传感器同步来平移得到物体内部的剖面图。这种扫描方式中扫描线相互平行，显示界面的横坐标靠机械扫描来代表探头的扫查轨迹，纵坐标靠电子扫描来代表声波的传播时间（或距离），因而可直观地显示出被探工件任一纵截面上缺陷分布及深度。

3）C 型扫描

将被测物体沿着超声波传播方向投影到平面上。显示界面的横坐标和纵坐标都靠机械扫描来代表探头在工件表面的位置。探头接收信号幅度或者深度以光点辉度表示，因而，当探头在工件表面移动时，荧光屏上便显示出工件内部缺陷的平面图像或表面形貌。采用计算机屏幕显示，可以用彩色色标代替灰度，得到彩色扫描图像。

采用 C 型扫描方式可以得到物体内部超声波反射点的深度坐标，通过扫描器可以得到 XY 坐标，利用坐标旋转变换，得到物体内部结构的三维图像。因为受到扫描声束尺寸影响，以及回波声影的影响，该三维图像不能反映物体内部的全部结构，因此是一种准三维图像。

实验装置

超声波扫描成像实验装置的结构图如图 8-2 所示，由以下几个部分组成：JDUT-1B 型超声波扫描成像实验仪、超声波换能器、水槽、扫描架、直流电机、试块、信号线、计算机、计算机数据处理软件。

图 8-2　超声波扫描成像实验装置的结构图

实验内容及步骤

（1）将试块放入水槽中，将超声波换能器安装在扫描架上，调整超声波换能器使其正对被扫描物体，且距被扫描物体的高度为 2～3 cm。

（2）连接超声波换能器及 X 轴直流电机与 JDUT-1B 型超声波扫描成像实验仪前面板上的 "X 轴"，连接 Y 轴直流电机与 JDUT-1B 型超声波扫描成像实验仪前面板上的 "Y 轴"，并将仪器前面板上的串口 "LAN" 及 USB 连接至计算机，仪器前面板的选择开关选择收发合一，开启电源。

（3）打开计算机软件，探头自动回到原点，启动手动控制，检查电机运行是否正常。

（4）打开系统设定选项，分别设置超声成像仪设置参数、探头/试块参数及电机运行参数。

（5）在 A 波显示界面观察回波，进行波形调节、闸门调节和波形分析。

（6）选择扫描成像模式，单击"新建图像"按钮，设置扫描参数，进行扫描图像。

（7）图像扫描完毕，保存图像。

1. B 型扫描成像

步骤 1：在"系统设定"菜单中选择"超声成像仪设置"选项，设置 B 型扫描方式，如图 8-3 所示。

步骤 2：在"波形显示"界面中，设定 B 型扫描闸门范围（深度范围）。

步骤 3：单击"B-扫描"图标，进入实时扫描状态。

步骤 4：单击"保存图像"按钮，停止 B 型扫描并可保存 B 型扫描数据。

步骤 5：单击"打开图像"按钮，可浏览已经保存的 B 型扫描数据。

2. 水下地貌测绘

步骤 1：在"系统设定"菜单中选择"探头/试块"选项，打开"探头和试块参数设定"对话框，设定参数，并把基线定义为深度方式。

步骤 2：根据扫描深度范围调整探头的上下位置，并把第 1 个闸门调整到约小于深度起点的位置，把第 2 个闸门调整到约大于最大深度的位置。最好让探测的深度范围在聚焦探头的聚焦范围以内。

步骤 3：在探测深度范围内放置一反射平面，从示波器上观测该平面的反射回波；微调探头的指向，使回波达到最大值。

步骤 4：利用步骤 3 中的平面反射回波，调整增益使该回波振幅大于 90%。该增益即为扫描的灵敏度。

步骤 5：打开"水下地貌测绘"界面，先单击"新建图像"按钮，进入"扫描参数"设定界面，确认后单击"扫描图像"按钮，进行成像。扫描结束时获得图 8-4 所示图像，单击"保存图像"按钮。

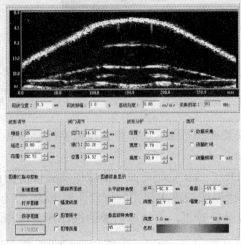

图 8-3　B 型扫描成像

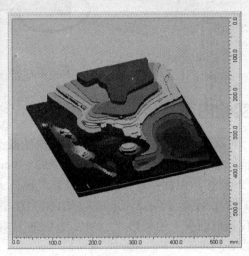

图 8-4　水下地貌测绘

3. 水下地壳扫描

步骤 1：在"系统设定"菜单中选择"探头/试块"选项，打开"探头和试块参数设定"对话框，设定参数，并把基线定义为深度方式。

步骤 2：根据扫描深度范围调整探头的上下位置，使被探测的深度范围在聚焦探头的聚焦范围以内。并把第 1 个闸门调整到约小于试块表面反射回波的位置，把第 2 个闸门调整到约大于最大深度的位置。

步骤 3：利用试块表面的反射回波微调探头的指向，使回波达到最大值。

步骤 4：调整增益使"地壳"反射回波振幅大于 20%。该增益即为扫描的灵敏度。

步骤 5：打开"水下地壳扫描"界面，先单击"新建图像"按钮，进入"扫描参数"设定界面，确认后单击"扫描图像"按钮，进行成像。扫描结束时获得图 8-5 所示图像，单击"保存图像"按钮。

4. 水下地藏勘探

步骤 1：在"系统设定"菜单中选择"探头/试块"选项，打开"探头和试块参数设定"对话框，设定参数，并把基线定义为深度方式。

步骤 2：根据扫描深度范围调整探头的上下位置，使被探测的深度范围在聚焦探头的聚焦范围以内。并把第 1 个闸门调整到约小于试块表面反射回波的位置，把第 2 个闸门调整到约大于被测最大厚度对应的反射回波的位置。

步骤 3：利用试块表面的反射回波微调探头的指向，使回波达到最大值。

步骤 4：调整增益使被测最大厚度对应的反射回波振幅大于 20%。该增益即为扫描的灵敏度。

步骤 5：打开"水下地藏勘探"界面，先单击"新建图像"按钮，进入"扫描参数"设定界面，确认后单击"扫描图像"按钮，进行成像。扫描结束时获得图 8-6 所示图像，单击"保存图像"按钮。

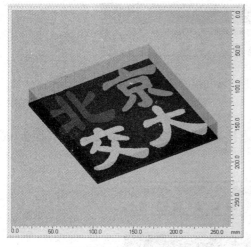

图 8-5　水下地壳扫描

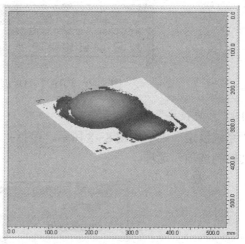

图 8-6　水下地藏勘探

注意事项

（1）实验前确保扫描架在水槽上居中放置。

（2）务必保护超声探头不被碰撞，保持探头表面清洁。

JDUT-1B 型超声波扫描成像实验仪的技术参数

1. 超声波发射接收模块

（1）激励脉冲电压：>350 V，负方波。

（2）激励脉冲宽度：10～500 ns，步长 10 ns。

（3）增益范围：0～100 dB，步长 1 dB。

（4）频带宽度：0.5～10 MHz。

2. 数据采集模块

（1）采集速度：100 MHz。

（2）分辨率：8 bits。

（3）数据缓存：256 kB。

3. 扫描器

（1）扫描范围：160mm×160mm×70 mm（XYZ）。

（2）坐标定位：$X-Y$ 轴。

（3）X 轴精度：0.1 mm。

（4）Y 轴精度：0.1 mm。

近代物理实验

软件界面

1. 菜单

"JDUT-1B型超声波扫描成像"窗口中包含五个菜单:"系统设定""示波器""扫描成像""保存画面""帮助"。如图8-7所示。

图8-7 "JDUT-1B型超声波扫描成像"窗口

1)"系统设定"菜单

"系统设定"菜单如图8-8所示,包括"连接成像仪""超声成像仪设置""探头/试块""运动控制选项"选项。

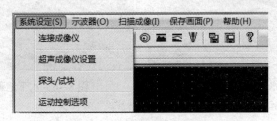

图8-8 "系统设定"菜单

(1)"连接成像仪"选项。通过网线连接成像仪与计算机,实现DSP处理的信号传递到计算机,由计算机软件显示测量回波波形及成像图像。打开软件控制界面就先选择"连接成像仪"选项。

(2)"超声成像仪设置"选项。其各部分的功能如下。

① 发射接收设置。

脉冲宽度:超声卡发射高压负脉冲的宽度。该参数与探头频率有关,频率越大,宽度越小。5 MHz探头应设定为75～125 ns。

基线偏移量:示波器扫描基线电平偏移量。

② 滤波器设置。保留特定频率段的信号,对该频率段以外的噪声进行有效滤除。

③ 放大器校准。

切换点:由于硬件由四路放大电路组成,在这四路放大电路之间就存在三个连接点,即衰减时的切换点,调整相应点的校准值,可调整波形在此三个切换点的连续性,对应下面的校准值一栏,各板组分别调整。

增益值:切换点处波形幅值有可能衰减不连续,此时需要通过调节该增益值,使得波幅与衰减值一致。

增益基准值:衰减器的基准点,当该值为负时,整体灵敏度提高;反之则降低。同时,噪声也随之变化。

④ B型扫描设置。

B－扫描计数：采用手动匀速扫描时，可根据扫描速度设定数据采集周期（单位为 ms）。当该数值设定为 0 时，采用扫描器水平轴或垂直轴扫描定位。

水平 B 扫：采用扫描器水平轴扫描定位。

垂直 B 扫：采用扫描器垂直轴扫描定位。

（3）“探头/试块”选项。选择此选项，打开的对话框如图 8－9 所示。

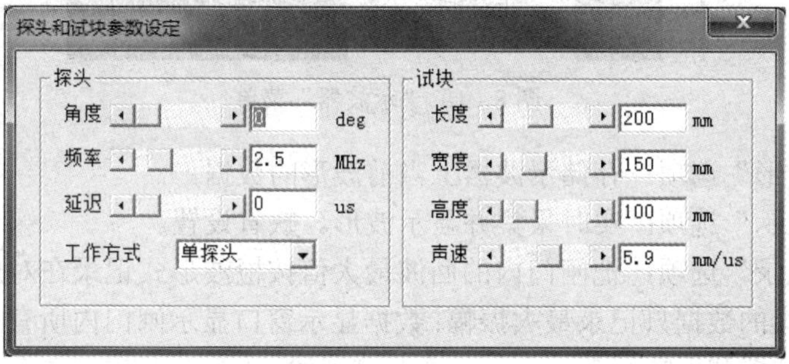

图 8－9 “探头和试块参数设定”对话框

① 探头参数设置。

角度：超声波进入被测介质的角度。该角度为声束与探测面法线的夹角。对于直探头，该角度为 0。

频率：超声探头发射超声波的频率。

延迟：超声波从发射到进入介质的传播时间。对于直探头，延迟近似为 0。

工作方式：一个探头既用于发射超声波，又用于接收超声波的工作方式为单探头工作方式；一个探头用于发射超声波，另一个探头用于接收超声波的工作方式为双探头工作方式。

② 试块参数设置。

长度：被测工件的长度（*Y* 轴）。

宽度：被测工件的宽度（*X* 轴）。

高度：被测工件的高度。

声速：超声波在被测工件中的传播速度。

（4）“运动控制选项”选项。

① 速度。

X 轴：设置 *X* 轴直流步进电机的扫描速度。

Y 轴：设置 *Y* 轴直流步进电机的扫描速度。

② 精度。

X 轴：设置 *X* 轴直流步进电机的手动控制最小精度。

Y 轴：设置 *Y* 轴直流步进电机的手动控制最小精度。

2）“示波器”菜单

“示波器”菜单如图 8－10 所示，包括“打开波形”“保存波形”“波形显示”“包络记录”“定义基线”“定义线色”选项。其各选项的功能如下。

（1）“打开波形”选项：调入存储的波形数据。选择该选项后，示波器窗口波形冻结，单击波形显示图标恢复实时采集。

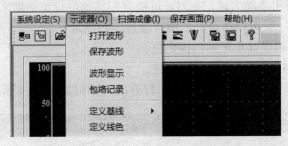

图 8-10 "示波器"菜单

（2）"保存波形"选项：存储示波器上当前波形的数据。

（3）"波形显示"选项：实时采集并显示波形。缺省设置。

（4）"包络记录"选项：把闸门内的回波最大值按检波形式记录在对应位置上。不同时刻在同一位置采集的数据只记录最大振幅；数据显示窗口显示闸门内所有被记录下的波形中最大振幅对应的位置和振幅。

（5）"定义基线"选项：示波器扫描基线刻度可以用声时、声程和深度来表示。声时和声程分别表示超声波从发射到被接收传播的时间（μs）和距离（mm），包括超声波往复双程；深度表示超声波在被测介质中传播时被反射，该反射点距探测面的垂直距离（mm），且只包括单程。

注意：声程和深度是按水的声速来计算的。

（6）"定义线色"选项：定义显示波形线的颜色。

3）"扫描成像"菜单

"扫描成像"菜单如图 8-11 所示，包括"B 型扫描成像""C 模式表面扫描（地貌）""C模式内部回波扫描（地壳）""C 模式内部第二回波扫描（地藏）""C 模式声场扫描"选项。各选项的功能如下。

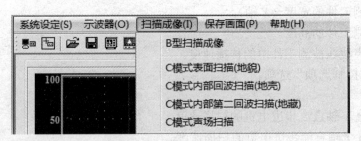

图 8-11 "扫描成像"菜单

（1）"B 型扫描成像"选项：超声波在水下传播时，被水下地面反射，用灰度不同的点来代表反射脉冲强度或声波的传播时间。采用直线扫描方式得到物体内部的剖面图。选择"B 型扫描成像"选项，打开图 8-12 所示对话窗口。

原点扫描：探头回到原点且以原点为起始点进行水平 B 扫或垂直 B 扫。

原地扫描：探头从当前所在位置开始进行水平 B 扫或垂直 B 扫。

图像分析：用于查看已经保存的 B 扫图像，分析图像。

图 8－12　"B 扫描方式"对话框

（2）"C 模式表面扫描（地貌）"选项：超声波在水下传播时，被水下地面反射，通过该反射波可以计算探头到水下地面的距离，利用该距离进行成像。

（3）"C 模式内部回波扫描（地壳）"选项：超声波传播透过水层进入地下，被地下地质分层反射，通过该反射波和水下地面反射波可以计算地质分层到水下地面的距离，利用该距离进行成像。

（4）"C 模式内部第二回波扫描（地藏）"选项：超声波传播透过水层进入地下，如果地下有石油储藏，则石油的上下层将反射超声波，通过这两层的反射波可以计算出石油的厚度，利用该厚度进行成像。

（5）"水下声场扫描"选项：可采用水听器法或小球反射法扫描成像。超声波换能器位置固定，发射超声波沿 Y 轴在水中传播，利用水听器沿 XY 平面逐点扫描接收超声波，或利用小球在 XY 平面逐点反射再由超声波换能器接收反射回波，利用幅度进行成像。

2. 操作界面

1）示波器显示区

示波器显示区如图 8－13 所示，回波信息如下。

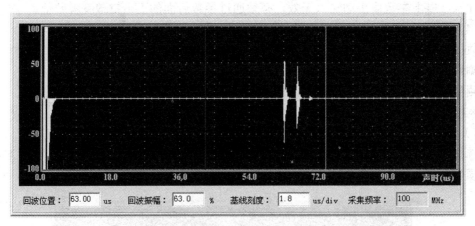

图 8－13　示波器显示区

回波位置：闸门内最大回波位置。

回波振幅：闸门内最大回波振幅。

基线刻度：回波位置分辨率。

采集频率：当前超声信号模/数转换频率。

2）A波显示的参数设置区

A波显示的参数设置区如图8-14所示，各参数功能如下。

图8-14　A波显示的参数设置区

（1）波形调节。

增益：调节回波幅度。

延迟：示波器显示窗口显示的回波起始位置。

范围：示波器显示窗口显示的位置范围大小。

（2）闸门调节。

红门：红色闸门的位置。

绿门：绿色闸门的位置。

位置：两个闸门中前一闸门的位置。调节时两个闸门平行移动。

（3）波形分析。

位置：测量闸门的起始位置。

宽度：测量闸门的宽度。选择频率测量方式时，得到频率测量结果。

高度：测量闸门的高度。

注意：以上参数值手动输入无效，必须通过参数后面的上下键改变参数值。

（4）选项。

数据采集：实时波形显示状态。缺省状态。

测量时间：该状态下可以利用闸门测量时间。

测量频率：该状态下可以利用闸门测量频率。

×10：使每个参数值改变的最小步进×10。

3）扫描图像显示区

选择B型扫描成像，示波器显示区会自动更改为B型扫描成像显示区，如图8-15所示。横坐标代表探头的扫查轨迹，纵坐标代表反射脉冲强度或声波的传播时间。

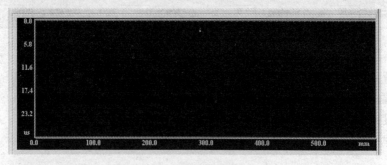

图8-15　B型扫描成像显示区

选择 C 型扫描成像，其扫描成像图像显示在操作界面右侧的成像显示区，如图 8-16 所示。显示区的横坐标和纵坐标都靠机械扫描来代表探头在工件表面的位置。探头接收信号幅度或声波的传播时间以光点辉度表示。

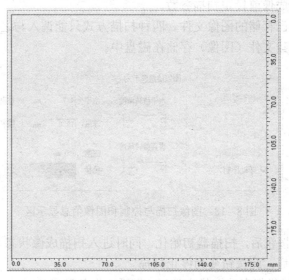

图 8-16　C 型扫描成像显示区

　　选择手动控制选项，操作界面右侧的成像显示区更改为控制超声探头位置显示区，如图 8-17 所示。显示区的横坐标和纵坐标均表示探头距离原点的坐标位置。进入应用程序界面，超声探头自动恢复至原点。手动控制移动超声探头位置有三种方式：鼠标移动到超声探头要到达位置单击左键；右击鼠标选择定位置，输入超声探头要到达位置坐标；利用键盘的上下左右键，以直流步进电机移动最小精度为单位移动超声探头。

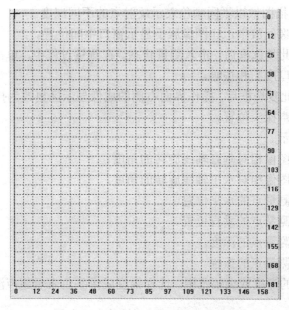

图 8-17　控制超声探头位置显示区

4）图像扫描与控制和图像信息显示区

图像扫描与控制和图像信息显示区如图8－18所示。

（1）图像扫描与控制。

新建图像：扫描成像前设定扫描参数。

打开图像：调入已存储的图像文件。四种扫描方式只能调入与之相应的扩展名文件。

保存图像：把新建文件（图像）存储在磁盘中。

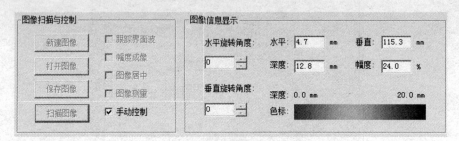

图8－18　图像扫描与控制和图像信息显示区

扫描图像：按此按钮后，扫描器初始化，同时进入扫描成像状态。该按钮只有在新建文件后有效。扫描开始后，此按钮变为停止扫描。

重新显示：打开已经保存的图像文件后，需要进行各种显示时，按此按钮。该功能与"扫描图像"按钮共用一个键位。

跟踪界面波：即启动闸门跟踪的功能。让探伤闸门随水层厚度的变化而变化，防止误报。机械部分在运行过程中，由于钢管的弯曲等因素，存在不可避免的不稳定性，导致从探头到钢管表面的水层厚度在检测过程中会发生变化，为了解决这个问题，设置了此功能。在测厚闸门内以闸门宽度的前10%点作为跟踪点，离此点最近的波形最高点一直处于跟踪点位置。

幅度成像：选择幅度成像方式，C型扫描图像以不同颜色表示不同的回波幅度；否则为深度成像，即C型扫描图像以不同颜色表示反射点的不同深度。

图像居中：在图像回放中，让图像居于显示窗口中间位置。

图像测量：勾选此复选框后，进入测量状态。在测量过程中，单击鼠标，则可以测得该点的位置、深度（或厚度）和振幅。

手动控制：勾选此复选框后，操作界面右侧的成像显示区更改为控制超声探头位置显示区，手动控制移动超声探头位置。

（2）图像信息显示。

水平旋转角度：图像相对垂直轴线旋转的角度。

垂直旋转角度：图像相对水平轴线旋转的角度。

水平：扫描点或测量点的水平位置。

垂直：扫描点或测量点的垂直位置。

深度：扫描点或测量点的深度。

振幅：扫描点或测量点的振幅。

深度：颜色表示的深度或振幅范围。选择幅度成像颜色表示超声波振幅范围，否则颜色表示深度范围。

色标：颜色被分成 100 种，不同颜色表示不同的深度/振幅。

 **参考文献**

［1］王文博. 关于医学超声成像机理的研究［D］. 青岛：青岛大学，2006.

［2］胡建恺，张谦琳. 超声检测原理和方法［M］. 合肥：中国科学技术大学出版社，1993.

［3］国防科技工业无损检测人员资格鉴定与认证培训教材编审委员会. 无损检测综合知识［M］. 北京：机械工业出版社，2005.

第 **9** 部分

现代光谱实验

实验9.1　荧　光　光　谱

　　在现代技术中，固体发光在光源、显示、光电子学器件和辐射探测器等方面都有广泛的应用。在物理研究中，发光光谱是研究固体中电子状态、电子跃迁过程及电子–晶格相互作用等物理问题的一种常用方法。本实验主要研究固体的荧光光谱。通过固体粉末材料——电子俘获材料荧光光谱的测定，了解固体荧光产生的机理和一些相关的概念，学习荧光光谱仪的结构和工作原理，掌握荧光光谱的测量方法，并对荧光光谱在物质特性分析和生产实际中的应用有初步的了解。

实验目的

　　（1）了解固体荧光产生的机理和一些相关的概念。
　　（2）学习荧光光谱仪的结构和工作原理。
　　（3）掌握荧光光谱的测量方法。
　　（4）了解荧光光谱在物质特性分析和生产实际中的应用。

实验原理

1. 光谱的基本概念

　　光谱：光的强度随波长（或频率）变化的关系称为光谱。
　　光谱的分类：按照产生光谱的物质类型的不同，可以分为原子光谱、分子光谱、固体光谱；按照产生光谱的方式不同，可以分为发射光谱、吸收光谱和散射光谱；按照光谱的性质和形状的不同，又可分为线光谱、带光谱和连续光谱；而按照产生光谱的光源类型的不同，可分为常规光谱和激光光谱。
　　光谱分析法：光与物质相互作用引起光的吸收、发射或散射（反射、透射为均匀物质中的散射）等，这些现象的规律和物质的组成、含量、原子分子和电子结构及其运动状态有关。以测光的吸收、发射和散射等强度与波长的变化关系（光谱）为基础而了解物质特性的方法，称为光谱分析法。
　　发光（发射光）：发光是物体内部将以某种方式吸收的能量转化为光辐射的过程，它区别于热辐射，是一种非平衡辐射；又与反射、散射和韧致辐射等不同，其特点是辐射时间较长，即外界激发停止后，发光可以延续较长时间（10^{-11} s 以上），而反射、散射和韧致辐射的辐射时间在 10^{-14} s 下。

荧光：某些物质受到光照射时，除吸收某种波长的光之外还会发射出比原来所吸收光的波长更长的光，这种现象称为光致发光（photo luminescence，PL），所发的光称为荧光。

荧光光谱分析法：利用物质吸收光所产生的荧光光谱对物质特性进行分析测定的方法。

荧光光谱分析法历史悠久，1867 年人们就发现了用铝-桑色素体系测定微量铝荧光光谱分析法，到 19 世纪末，已经发现包括荧光素、曙红、多环芳烃等 600 多种荧光化合物。进入 20 世纪 80 年代以来，由于激光、计算机、光导纤维传感技术和电子学新成就等科学新技术的引入，大大推动了荧光分析理论的进步，加速了各式各样新型荧光分析仪器的问世，使之不断朝着高效、痕量、微观和自动化的方向发展，建立了诸如同步、导数、时间分辨和三维荧光光谱等新的荧光分析技术。

2. 固体的荧光

1）荧光产生的机理

固体的能级具有带状结构，其结构图如图 9-1 所示。其中被电子填充的最高能带称为价带，未被电子填充的能带称为空带（导带），不能被电子填充的能带称为禁带。当固体中掺有杂质时，还会在禁带中形成与杂质相关的杂质能级。

当固体受到光照而被激发时，固体中的粒子（原子、离子等）便会从价带（基态）跃进到导带（激发态）的较高能级，然后通过无辐射跃迁回到导带（激发态）的最低能级，最后通过辐射或无辐射跃迁回到价带（基态或能量较低的激发态），

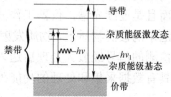

图 9-1　固体的能带结构图

粒子通过辐射跃迁返回到价带（基态或能量较低的激发态）时所发射的光即为荧光，其相应的能量为 $h\nu$（$h\nu_1$）。

以上荧光产生过程只是众多可能产生荧光途径中的两个特例，实际上固体中还有许多可以产生荧光的途径，过程也远比上述过程复杂得多，有兴趣的同学可参看固体光谱学的有关资料。

荧光光强 I_f 正比于价带（基态）粒子对某一频率激发光的吸收强度 I_a，即有

$$I_f = \Phi I_a \tag{9-1}$$

式中：Φ 是荧光量子效率，表示发射荧光光子数与吸收激发光子数之比。若激发光源是稳定的，入射光是平行而均匀的光束，自吸收可忽略不计，则吸收强度 I_a 与激发光强度 I_0 成正比，且根据吸收定律可表示为

$$I_a = I_0 A(1 - e^{-\alpha dN}) \tag{9-2}$$

式中：A 为有效受光照面积；α 为材料的吸收系数；d 为吸收光程长；N 为材料中吸收光的离子浓度。

2）荧光辐射光谱和荧光激发光谱

荧光物质都具有两个特征光谱，即荧光辐射光谱或称荧光光谱（fluorescence spectrum）和荧光激发光谱（fluorescence excitation spectrum）。前者反映了与辐射跃迁有关的固体材料

的特性，而后者则反映了与光吸收有关的固体材料的特性。

荧光辐射光谱：材料受光激发时所发射出的某一波长处的荧光的能量随激发光波长变化的关系。

荧光激发光谱：在一定波长光激发下，材料所发射的荧光的能量随其波长变化的关系。

荧光辐射光谱的峰值波长总是小于荧光激发光谱的峰值波长，即产生所谓的斯托克斯频移。产生这种频移的原因可从图 9-2 的位形坐标图中找到（为什么？）。

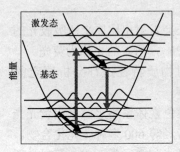

图 9-2　位形坐标模型与吸收、发射光过程示意图

通过测量和分析荧光材料的两个特征光谱可以获得以下几方面的信息：引起发光的复合机制；材料中是否含有未知杂质；材料及杂质或缺陷的能级结构。

实验装置

用于测定荧光光谱的仪器称为荧光光谱仪。Omni-λ300 荧光光谱仪的主要部件有：光源、激发单色器（置于样品池后）、发射单色器（置于样品池后）、样品池及检测系统组成，其结构如图 9-3 所示。荧光光谱仪采用 150 W 的氙灯作光源，氙灯所发射的谱线强度大，而且是连续光谱，仪器工作波长为 200～2 200 nm。激发光经激发单色器分光后照射到样品池中的被测物质上，物质发射的荧光再经发射单色器分光后经光电倍增管检测，光电倍增管检测的信号经放大处理后送入计算机的数据采集处理系统，从而得到所测的光谱。计算机除具有数据采集和处理的功能外，还具有控制光源、单色器及光电倍增管协调工作的功能。

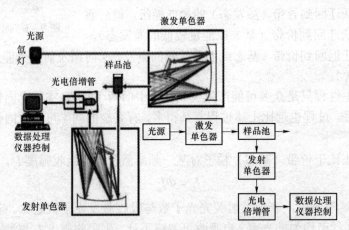

图 9-3　Omni-λ300 荧光光谱仪结构示意图

实验内容与步骤

（1）开机：先开电源，后开灯源。

（2）吸收光谱测试：将测试样品放入样品池中，由于物质的发射特性和吸收特性是紧密相关的，先测一下样品的吸收光谱，从中找出吸收峰，在荧光光谱的测试时作为参考。

（3）发射光谱测试：根据吸收光谱中的吸收峰确定激发波长，选择合适的发射光谱波长范围、滤光片、光路狭缝、扫描速度等进行发射光谱的扫描。

（4）激发光谱测试：根据发射光谱中的激发峰确定发射波长，选择合适的激发光谱波长范围、滤光片、光路狭缝、扫描速度等进行激发光谱的扫描。

（5）发射光谱测试：选择激发光谱中最强的激发峰，以及合适的发射光谱波长范围、滤光片、光路狭缝、扫描速度等进行发射光谱的扫描。

（6）重复步骤（4）（5），循环扫描得到理想的荧光光谱图。

（7）保存测试数据。

（8）关机：先关灯源，后关电源。

注意事项

（1）当单色仪不使用时，狭缝宽度不易过大，以免弹簧长久压缩使性能减弱，影响狭缝精度。

（2）调节光电倍增管时，注意不要超过量程。

考题

1. 如何消除瑞利散射光对光谱测试结果的影响？
2. 拉曼散射对本实验的光谱测试结果有影响吗？

实验 9.2　傅里叶红外光谱

红外吸收光谱与紫外吸收光谱一样，是一种分子吸收光谱。红外光的能量（$\Delta E = 0.05 \sim 1.0$ eV）较紫外光的（$\Delta E = 1 \sim 20$ eV）低，当红外光照射分子时，不足以引起分子中价电子能级的跃迁，而能引起分子振动能级和转动能级的跃迁，故红外吸收光谱又称为分子振动光谱或振转光谱。红外光谱对化合物的鉴定和有机物的结构分析具有鲜明的特征性，构成化合物的原子质量不同、化学键的性质不同、原子的连接次序和空间位置不同都会造成红外光谱的差别。红外光谱技术具有非破坏性，可直接对固态、液态或气态样品进行测定，广泛应用于对未知化合物的结构鉴定。

实验目的

（1）了解红外光谱吸收的基本原理。
（2）熟悉傅里叶红外光谱仪的结构和操作。
（3）掌握分子振动红外光谱的基本知识及其在物质鉴定中的应用。

实验原理

1. 红外光谱

红外光按其波长的不同又划分为三个区段。① 近红外：波长在 $0.75 \sim 2.5$ μm 之间（波数为 $13\,333 \sim 4\,000$ cm^{-1}），跃迁类型为分子振动；② 中红外：波长在 $2.5 \sim 50$ μm 之间（波

数为 4 000~200 cm^{-1}），跃迁类型为分子振动；③ 远红外：波长在 50~1 000 μm 之间（波数为 200~10 cm^{-1}），跃迁类型为分子转动。当物质分子中某个基团的振动频率和红外光的频率一样时，分子就要吸收能量，从原来的振动能级跃迁到能量较高的振动能级，将分子吸收红外光的情况用仪器记录，就得到红外光谱图。

当样品受到频率连续变化的红外光照射时，分子吸收某些频率的辐射，并由其振动运动或转动运动引起偶极矩的净变化，产生的分子振动和转动能级从基态到激发态的跃迁（如图 9-4 所示），形成的分子吸收光谱称为红外光谱，又称为分子振动、转动光谱。

$$\Delta E_{分子} = \Delta E_{振动} + \Delta E_{转动}$$
$$= h(\Delta \nu_{振动} + \Delta \nu_{转动})$$
$$= hc / (\lambda_{振动} + \lambda_{转动})$$

$$\Delta E_{振动} \approx 0.05 \sim 1\,\mathrm{eV}, \quad \lambda_{振动} \approx 25 \sim 1.25\,\mu\mathrm{m}$$

$$\Delta E_{转动} \approx 0.005 \sim 0.05\,\mathrm{eV}, \quad \lambda_{转动} \approx 250 \sim 25\,\mu\mathrm{m}$$

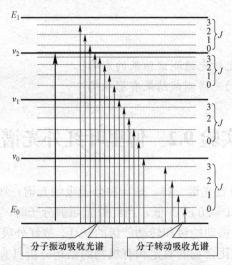

图 9-4　分子的振动、转动光谱

2. 双原子分子的简谐振动及其频率

分子的振动能级（量子化）和振动频率之间的关系为

$$E_{振动} = (V + 1/2)h\nu = \left(V + \frac{1}{2}\right)hc\,\tilde{\nu}$$

式中：ν 为化学键的振动频率；V 为振动量子数（$V = 0, 1, 2, \cdots$）。当 $V = 0$ 时，$E_{振动} \neq 0$，此时 $E_{振动}$ 称为零点能。

振动能级跃迁的能量差为

$$\Delta E_{振动} = \frac{h}{2\pi}\sqrt{\frac{k}{\mu}}\Delta V = \frac{h}{2\pi}\sqrt{\frac{k}{\mu}}$$

振动量子数由 $V = 0$ 变为 $V = 1$ 时，双原子所吸收的光的波数为

$$\tilde{v}(\mathrm{cm}^{-1}) = \frac{1}{2\pi c}\sqrt{\frac{k}{\mu}}$$

式中：k 为化学键的力常数（达因），与键能和键长有关；μ 为双原子的折合质量，$\mu = m_1 m_2/(m_1 + m_2)$。

3. 多原子分子的振动

对于多原子分子，由于一个原子可能同时与其他几个原子形成化学键，它们的振动相互牵连，不易直观地加以解释，但可以把它的振动分解为许多简单的基本振动，即简正振动。

1）伸缩振动

原子沿键轴方向伸缩，键长发生变化而键角不变的振动称为伸缩振动。伸缩振动又分为对称伸缩振动和不对称伸缩振动。

2）变形振动

基团键角发生周期变化而键长不变的振动称为变形振动，又称弯曲振动或变角振动。变形振动又分为面内变形振动和面外变形振动。

4. 红外光谱的三要素

1）峰位

分子内各种官能团的特征吸收峰只出现在红外光谱的一定范围，如：C＝O 的伸缩振动一般在 1 700 cm⁻¹ 左右。

2）峰强

红外吸收峰的强度取决于分子振动时偶极矩的变化，振动时分子偶极矩的变化越小，谱带强度也就越弱。一般来说，极性较强的基团（如 C＝O，C—X）振动，吸收强度较大；极性较弱的基团（如 C＝C，N—C 等）振动，吸收强度较弱。

3）峰形

不同基团的某一种振动形式可能会在同一频率范围内都有红外吸收，如—OH、—NH 的伸缩振动峰都在 3 400 cm⁻¹，但二者峰形状有显著不同。此时峰形的不同有助于官能团的鉴别。

实验装置

本实验使用的装置是 WQF－510A 型拉曼红外（FT－IR）光谱仪（以下简称"FT－IR 光谱仪"），如图 9-5 所示，从功能上可以划分为以下几个部分：干涉仪、电气系统、数据系统、样品室、探测器等。在总体布局上，光谱仪采用了部分模块化结构，干涉仪、探测器、电源、电路主板独立形成模块。在一个底座上通过各模块之间适当的排列组合，可以满足不同实验条件的需要，而且这种积木式结构还便于扩展和升级，大大提高了仪器的使用灵活性。

1. 干涉仪

FT－IR 光谱仪采用的是角镜型迈克耳孙干涉仪，如图 9－6 所示。迈克耳孙干涉仪由分束器、补偿器及两臂上的反射镜组成，分束器和补偿器都是平板形的，两臂上的反射镜成直角，平面镜被角反射镜代之，移动角反射镜可沿着垂直于分束器镀膜表面的方向运动。当来自光源的红外光束射入干涉仪时，经分束器后变成了两束，透射和反射光束垂直于分束器镀膜表面，并分别投射到两臂上的角反射镜上。从角反射镜返回的光束方向平行于入射光，当这两束光再次汇合时就将发生干涉。动镜的运动将引起干涉仪其中一臂光程的变化，即改变了两臂的光程差，从而获得干涉图。

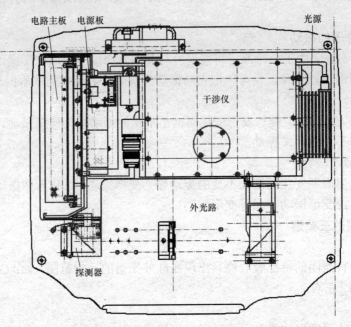

图 9-5　WQF-510A 型拉曼红外（FT-IR）光谱仪结构图

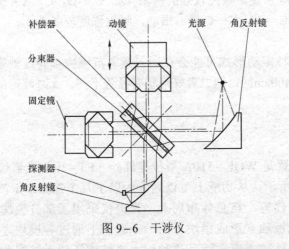

图 9-6　干涉仪

　　FT-IR 光谱仪的干涉仪现已做成密封防潮型。干涉仪分别与外光路之间加 KBr 窗片及密封圈密封，可有效地防止分束器及补偿器的潮解，降低用户对使用环境的要求。

2. 电气系统

　　FT-IR 光谱仪的电气基本原理是红外光通过干涉仪产生干涉，通过控制干涉仪的动镜在一定范围往复运动来获得红外干涉光，干涉光由红外探测器接收，将红外光干涉信号转变成电信号，经前置程控放大器放大，送至低通滤波器滤去高频干扰信号，再经可变增益放大器放大，送到 A/D 转换器。利用激光在干涉仪中产生相对于波长均匀变化的脉冲信号作基准，去触发 A/D 转换器，进行模/数转换。同时采用 DMA 方式把数据采集起来，然后通过串行总线 USB 接口送入上位机进行处理。

在 FT-IR 光谱仪中，干涉仪是由自己专用的计算机来控制的，独立于数据系统的主计算机，二者之间通过 USB 接口进行数据通信。FT-IR 光谱仪的电路系统的主要功能是：干涉仪伺服控制，数据采集及处理，以及数据通信等。整个电路系统的原理框图如图 9-7 所示，主要由一块电气主板和外围电路组成。

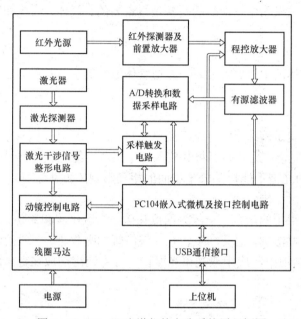

图 9-7　FT-IR 光谱仪的电路系统原理框图

OHP 是 PC104 计算机电路部分，OHC 是控制电路部分，FT-IR 光谱仪采用了嵌入式（PC104）计算机；OHS 进行红外信号处理，采用 16 位的 A/D 转换器；而 USB 则是接口电路，负责 PC104 计算机与主计算机之间的通信。

3. 数据系统

FT-IR 光谱仪的数据系统采用 IBM PC 兼容计算机。FT-IR 光谱仪软件为全中文软件，可以与大量的工作在 Windows 下的第三方软件一起运行，同时，用户也可根据自己的需要，自行开发新的光谱数据操作程序。FT-IR 光谱仪的标准操作软件提供全部的红外光谱常规分析操作功能。

实验内容与步骤

1. 开机、测试、预热

（1）接通 220 V 电源，先后打开 FT-IR 光谱仪主机及计算机。

（2）计算机进入 Windows 操作系统后，用鼠标单击桌面 FT-IR 光谱仪主程序 MainFTOS；启动程序进入主菜单界面，MainFTOS 提供了 10 个菜单，其中包括了对光谱操作的全部功能。

（3）单击菜单栏中的"光谱采集"，再单击"设置仪器运行参数（AQPARM）"，进入系

近代物理实验

统参数设置对话框，可设置分辨率、扫描次数、切趾函数、扫描速度等。参数设置完成后单击"设置并退出"。

（4）单击菜单栏中的"光谱采集"，再单击"仪器本底测试"，进入空气测试采集界面，光谱显示窗口出现本底光谱图。

（5）如前4项正常，须等仪器预热20 min后即可进行样品采集等工作。

2. 样品的制备

在测定红外光谱的操作中，样品的制备是很重要的。气体、液体和固体样品都可以得到红外光谱图。

1）气体样品

气体样品是在气体池中进行测定的，先把气体池中的空气抽掉，然后注入被测气体进行测定。

2）液体样品

如纯化合物本身就是液体，则可以很简单地将一滴样品夹在两片盐板之间，使其生成一极薄的膜，用于测定光谱。此外亦可将其放入一个极薄的氯化钠样品池中（0.002 5～0.1 mm的厚度）。这样得到的光谱不能排除分子中间的相互影响（如氢键等），因此最好在惰性溶剂的稀溶剂中测定一下做比较。

制备测定红外光谱用的溶剂，一般为四氯化碳、二硫化碳和氯仿，前两者应用较广，氯仿虽是一个很好的有机溶剂，但会产生较强和较广阔的吸收带。一般溶液的浓度大概为1%，置于0.5 mm厚度的盐池中，应用双光束光度计，可将纯溶剂放在参考池中，这样溶剂的吸收光谱便可以抵消掉。

3）固体样品

将1 mg无水溴化钾混匀研细后，放在金属模中，在真空下加压5 min，形成含有分散样品的透明卤化盐薄片，可以得到没有其他杂质的吸收光谱。其缺点是由于卤化盐易于吸潮，有时不能避免在3 500 cm⁻¹左右出现水的吸收峰，因此样品中是否存有—OH基便会引起怀疑。此外，也可能在薄片制备及保存过程中出现多晶现象。

3. 采集样品谱图

（1）单击菜单栏中的"光谱采集"，再单击"设置仪器运行参数（AQPARM）"，出现对话框，扫描速度设为"20"。单击"确定"。

（2）单击菜单栏中的"光谱采集"，再单击"采集仪器本底（AQBK）"，出现采集仪器本底对话框。单击"开始采集"。采集完毕后进行下一个程序。（采集的本底一般为：空气谱图或压片机压成的KBr空白片谱图。）

（3）将被测样品或KBr与样品的混合物用压片机压成片子，放入样品室的样品架上。

（4）如采集透射光谱图，先单击菜单栏中的"光谱采集"，再单击"采集透过率光谱（AQSP）"，出现采集透过率光谱对话框，建立文件名，确定扫描次数，然后单击"开始采集"。采集完毕后可得到样品的透过率光谱图。

（5）如采集吸收光谱图，先单击菜单栏中的"光谱采集"，再单击"采集吸光度光谱（AQSA）"，出现采集吸光度光谱对话框。单击"开始采集"。采集完毕后可得到样品的吸收光谱图。

（6）在菜单文件中单击打印图谱，然后打开所建的透光率或吸收光谱图，另存为格式为

txt 的文件。

图谱的表示方法：对光谱吸收带的标绘法，在红外光谱图中，吸收位置多用波数（cm^{-1}）表示频率，也有用波长（λ）表示频率的。吸收强度一般都用下列符号来表示：VS（很强）、S（强）、M（中等）、W（弱）、b（宽）、Vw、Sh（肩状吸收带）。光谱图一般有两种表示法：一种是以吸光度（即光密度）作纵坐标$\left(\lg\dfrac{I_0}{I}\right)$，以波长或波数作横坐标，这样表示的图谱吸收峰向上；另一种表示方法是以透光率$\left(T\%，即\dfrac{I}{I_0}\times100\right)$为纵坐标，以波长或波数为横坐标，这样表示的图谱吸收峰向下，吸收越强，则曲线越向下降。一般后一种方法用得较多。

4. 样品谱图的打印输出

（1）先单击菜单栏中的"文件"，再单击"打印谱图"，程序将进入到专用打印程序。

（2）本打印程序具有强大的谱图功能处理能力，谱图可随用户的需要进行打印。

注意事项

（1）待测样品及盐片均需要干燥处理。

（2）测试完毕，应及时用无水乙醇将压件擦洗干净，干燥后放入到干燥皿中。

1. 红外光谱产生的条件是什么？

2. 红外光谱和拉曼光谱有什么不同？

3. 红外光谱和紫外可见吸收光谱都能鉴别物质，请比较两种方法，并谈谈红外光谱的优缺点。

实验 9.3　紫外–可见光谱

紫外–可见光谱属于分子光谱，它是由于价电子的跃迁而产生的。利用物质的分子或离子对紫外–可见光的吸收所产生的紫外–可见光谱及吸收程度可以对物质的组成、含量和结构进行分析、测定、推断。紫外–可见光谱应用广泛，不仅可进行定量分析，还可利用吸收峰的特性进行定性分析和简单的结构分析，测定一些平衡常数、配合物配位比等；也可用于无机化合物和有机化合物的分析，对于常量、微量、多组分都可测定。紫外–可见光谱在定性分析方面的应用主要依靠化合物光谱特征，如吸收峰的数目、位置、强度、形状等与标准光谱比较，可以确定某些基团的存在。

实验目的

（1）了解紫外–可见光谱吸收的基本原理。

（2）熟悉紫外–可见光谱仪的结构和操作。

（3）掌握紫外–可见光谱的基本知识及其在物质鉴定中的应用。

实验原理

紫外–可见光谱（ultraviolet–visible spectroscopy，UV–Vis），也可简称为紫外光谱（UV），是吸收光谱的一种。紫外光谱与电子跃迁有关，分子中价电子经紫外或可见光照射时，电子从低能级跃迁到高能级，如图 9–8 所示，此时电子就吸收了相应波长的光，这样产生的吸收光谱即为紫外光谱。紫外吸收光谱的波长范围是 100～400 nm，其中100～200 nm 为远紫外区，200～400 nm 为近紫外区。通常紫外光谱是指近紫外区，可见区为 400～800 nm。

由于紫外光谱通常是指近紫外区，所以只能观察 $\pi \to \pi^*$ 和 $n \to \pi^*$ 跃迁，也就是说紫外光谱只适用于分析分子中具有不饱和结构的化合物。

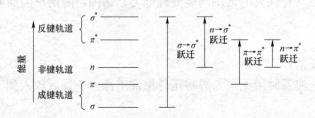

图 9–8　电子能级与电子跃迁

1. 紫外吸收带的强度

一定温度下，一定波长的单色光通过均匀的、非散射的溶液时，如图 9–9 所示，溶液的吸光度与溶液的浓度和液层厚度的乘积成正比。由朗伯–比尔定律（Lamber-Beer law）可得

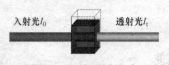

图 9–9　光通过溶液

$$A = k \cdot b \cdot c$$

式中：A 为吸光度（描述溶液对光的吸收程度）；k 为摩尔吸光系数，单位为 $L \cdot mol^{-1} \cdot cm^{-1}$；$b$ 为液层厚度（光程长度），通常以 cm 为单位；c 为溶液的摩尔浓度，单位为 $mol \cdot L^{-1}$。

2. 紫外光谱的表示法

UV 图由横坐标、纵坐标和吸收曲线组成。横坐标表示吸收光的波长，单位为 nm。纵坐标表示吸收光的吸收强度，可以用 A、T（透射比或透光率或透过率）、k 中的任何一个来表示，其中透过率 T 为

$$T = I_t / I_0$$

式中：I_0 是入射光强度；I_t 是透射光强度。吸收曲线表示化合物的紫外吸收情况。曲线最大吸收峰的横坐标为该吸收峰的位置，纵坐标为它的吸收强度。

实验装置

T9S 紫外–可见分光光度计由光源、单色器、样品池、检测器和信号采集显示系统五大部分组成，仪器基本结构如图 9–10 所示。

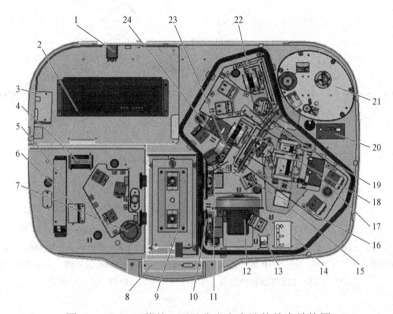

图 9–10 T9S 紫外–可见分光光度计的基本结构图

1—T10 接口板组；2—T10 电源盒组；3—T10 整机通信接口板组；4—T10 第二样品室底板组和 T10 第二样品室上板组；5—T10 光电转换板组；6—T10 高压模块组；7—T10 光电倍增管组；8—T10 前接口板组；9—T10 标准样品池组；10—T10 样品衰减片组；11—T10 参比衰减片组；12—T10 分光镜组；13—T10 分光镜转接板组；14—T10 衰减片电机转接板组；15—T10 正弦机构组；16—T10 高度可变光栏组；17—T10 丝杆电机转接板组；18—T10 第三连续可变狭缝组；19—T10 第二狭缝组；20—T10 光源电机转接板组；221—T10 光源组；22—T10 第一连续可变狭缝组；23—T10 滤光片组；24—T10 狭缝电机转接板组

光源在整个紫外光区或可见光区可以发射连续光谱，具有足够的辐射强度、较好的稳定性、较长的使用寿命。

单色器是将光源辐射的复合光分成单色光的光学装置。它是分光光度计的心脏部分。单色器一般由狭缝、色散元件及透镜系统组成。关键是色散元件，最常见的色散元件是棱镜和光栅，光学系统如图 9–11 所示。

样品池是用于盛放待测溶液和决定透光液层厚度的器件。吸收材料必须能够透过所测光谱范围的光；一般可见光区使用玻璃样品池，紫外光区使用石英样品池。在高精度的分析测定中（紫外区尤其重要），样品池要挑选配对，因为样品池材料的本身吸光特性及样品池的光程长度的精度等对分析结果都有影响。

检测器利用光电倍增管的光电效应将透过样品池的光信号变成可测的电信号，然后进入信号采集显示系统。

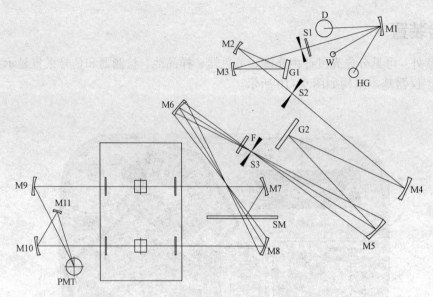

图 9-11　光学系统

W—钨卤素灯（可见光光源）；D—氘灯（紫外区光源）；HG—汞灯；M1—T10 光源聚光镜；S1—T10 第一连续可变狭缝组；
S2—第二狭缝组；S3—第三连续可变狭缝组；M2，M3—T10 物镜（一）；G1—1 200 线光栅（一）；M4，M5—T10 物镜（二）；
M6—T10 球面镜（一）；M7，M8—T10 球面镜（二）；F—滤色片；G2—1 800 线光栅（二）；SM—分光镜；
M9，M10—T10 球面镜（三）；M11—T10 平面镜；PMT—光电倍增管

实验内容及步骤

1. 仪器初始化

（1）依次打开打印机、计算机，待 Windows 完全启动后，打开主机电源。

（2）在计算机窗口上双击软件图标，仪器进行自检，大约需要 4 min。如果自检各项都合格，进入工作界面，预热半小时后，便可进入以下操作。

2. 光度测量

（1）参数设置：设置光度测量参数，包括波长数、相应波长值（从长波到短波）、测光方式（一般为 Abs）、重复测量次数，以及是否取平均值，单击"确认"按钮退出参数设置界面。

（2）校零：将两个样品池中都放入参比溶液，单击"开始"按钮。校完后，取出外池参比溶液。

（3）测量：倒掉取出的参比溶液，放入样品溶液，单击"开始"按钮，即可测出样品的 Abs 值。

3. 光谱扫描

（1）参数设置：单击"光谱扫描"按钮，进入光谱扫描。单击"参数设置"按钮，设置光谱扫描参数，包括波长范围（先输长波再输短波）、测光方式（一般为 Abs）、扫描速度（一般为中速）、采样间隔（一般为 1 nm 或 0.5 nm）、记录范围（一般为 0~1）、单击"确定"按钮退出参数设置。

（2）基线校正：单击"基线"按钮，将两个样品池中都放入参比溶液，单击"开始"按

钮，校完后单击"存入基线"按钮，取出参比溶液。

（3）扫描：倒掉取出的参比溶液，放入样品溶液，单击"开始"按钮进行扫描，当扫描完毕后，单击检出图谱的峰、谷波长值及 Abs 值，导出文件，格式为 txt。

4. 定量测量

（1）参数设置：单击"参数设置"按钮，进入定量测量；单击"参数设置"按钮，设置具体参数，包括测量模式（一般为单波长）、测量波长、曲线方式（一般为 $C = K_0 + K_1 + \cdots$），单击"确定"按钮退出参数设置。

（2）校零：将两个样品池中都放入参比溶液，单击"校零"按钮，校完后取出外池参比溶液。

（3）测量标准样品：将鼠标移动到标准样品测量窗口，倒掉取出的参比溶液，分次放入三个已知浓度的标准样品，单击输入相应的标准样品浓度，单击"开始"按钮，依次类推将所配标准样品测完。检查曲线相关系数和 K 值的情况。

（4）样品测定：放入待测样品，将鼠标移动到未知样品测量窗口，单击"开始"按钮，即可测出样品浓度。

5. 关机

退出系统后，依次关掉主机电源、计算机、打印机电源。

注意事项

本规程的狭缝均设置为 2 nm。

思考题

1. T9S 紫外–可见分光光度计主要由哪些部件组成？各有什么作用？
2. 本实验的主要操作步骤是什么？有什么注意事项？

第 **10** 部 分

真空技术与镀膜实验

实验 10.1　真空技术及真空蒸发镀膜

真空技术是物理学的基本手段和必备的技术,许多研究项目和实验都要在真空条件下进行。如发光材料的研究和发光器件的制作,光电子技术等都离不开真空技术。另外,在对极高真空的研究中提出了一系列新的物理课题。

从日常生活到工业生产,真空技术的应用十分广泛。日常用的灯泡、罐头、电视机显像管等,都要使用真空技术。微电子学、超导等方面,则要使用真空镀膜技术。特别是光学表面要用真空镀膜方法镀上一层或多层膜,以降低表面对光的反射,减小光强损失,或使反射光和透射光的特性发生改变等。近年来,纳米级薄膜的制作及应用为真空镀膜技术提供了更广泛的空间。因此,作为光信息专业和物理专业的学生了解和掌握真空技术是十分必要的。

实验目的

(1) 了解并掌握基本的真空获得方法和测量方法。
(2) 了解并掌握真空技术中常用仪器的原理和使用方法。
(3) 了解真空镀膜机的工作原理和应用。
(4) 学习用真空镀膜机镀金属膜的工艺和技术。

实验原理

1. 真空的获得

1)真空泵的类型

真空泵是把被抽容器中的气体排出从而降低容器内气压的设备。各种类型的真空泵抽气的工作原理是不相同的。选择真空泵的类型要根据最低压强、压强范围、抽速和排气压强等参数来确定。

一个真空泵在其入口端所能达到的最低压强决定了系统的极限真空度上限。

泵的抽速表征了排气速度的大小。在同一真空系统的抽气过程中,抽速不是恒定的,它随着压强而改变。图 10-1 是几种常用真空泵的抽速范围。

排气压强是指泵可以进行排气的压强(出口压强),根据排气压强,真空泵可分为以下三类。

（1）直接向大气中排气的泵，一般称为"粗抽泵"或"前级泵"。它能在大气压下开始工作，可以单独使用或与其他需要在出口处维持一低气压的泵连用。旋片式真空机械泵、柱塞式机械泵和抽气筒都属于这一类。旋片式真空机械泵应用最广，简称为"机械泵"。

（2）只能往低于大气压的环境中排气的泵。在被抽气体已经相当稀薄后才能工作，并把气体排放到已被前级泵抽成低压的地方。这类泵称为"高真空泵"，常用扩散泵或涡轮分子泵。

（3）可束缚住系统中气体的泵，如吸附泵和低温泵。

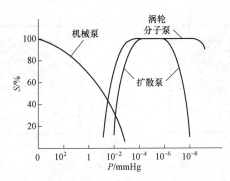

图 10-1　几种常用真空泵的抽速范围 S（以与其最大抽速比表示）

2）机械泵的工作原理

机械泵的基本结构如图 10-2 所示。在泵体圆柱形内腔中，偏心地安装着一个带有沟槽的旋转鼓轮，与内腔相切。沟槽中装有一对利用弹簧使之伸缩的旋片。旋片外端紧贴内腔壁上。在泵体上的进气口与被抽容器相连，排气口具有一个单向阀门。泵体与外壳之间灌有泵油，起填补空隙密封及润滑的作用。

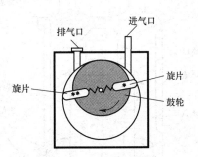

图 10-2　机械泵的基本结构

机械泵的工作过程如图 10-3 所示。

当旋片*通过进气口时，被抽气体进入随旋片*转动而增大的空间 SA1，见图 10-3（a）；直到旋片**通过进气口，见图 10-3（b）；旋片继续旋转，气体被密封在 SA3 中，被压缩，见图 10-3（c）；当压强超过大气压强时，顶开单向阀门排出泵外，见图 10-3（d）。如此反复，被抽空间的气压逐渐降低。

旋片对、泵体内腔和鼓轮形成三个隔开的室，各室的气压不同，因此这些接触点必须形成真空密封。

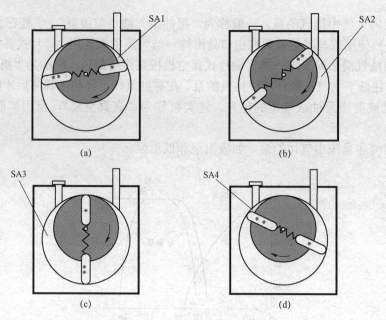

图 10-3 机械泵的工作过程

3）扩散泵的工作原理

扩散泵体有用金属做的，也有用玻璃做的。在真空镀膜机中使用的是金属油扩散泵。扩散泵的结构如图 10-4 所示。

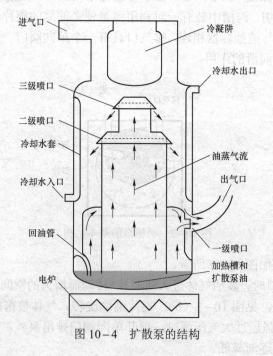

图 10-4 扩散泵的结构

扩散泵油在加热槽内受热、气化，大量油蒸气沿导管上升，在喷口处向下喷出，形成高速气流。由于油蒸气流的高速运动，引起喷口上方气压比下方高，形成气体分子由上向下的扩散运动，使得气体凝聚在泵的出口端，达到机械泵能够作用的范围而被抽出。扩散泵四壁不断受到循环水的冷却，油蒸气分子碰到冷却的泵壁而凝结回流到加热槽中，完成循环。

　　油扩散泵在前级泵将真空度抽到 7 Pa（5×10^{-2} mmHg）后才能使用。这既保证了扩散泵的工作条件，又防止了油蒸气的氧化。

　　扩散泵的极限真空度受油蒸气压的影响，常用的油在 20 ℃（水冷泵壁的温度）时的饱和蒸气压为 0.7 Pa（5×10^{-3} mmHg），这些油蒸气分子不受喷射气流的影响而无规则地运动，破坏抽气过程，从而形成一定的极限真空度，如果在泵的进气口加上冷阱，充以干冰等冷冻剂，可以改善泵的极限真空度。本实验所用的真空镀膜机没有冷阱。

2. 真空的测量

　　真空度的测量方法很多。本实验采用常用的热偶真空计［测量范围 10～0.1 Pa（10^{-1}～10^{-3} mmHg）］和电离真空计［测量范围 0.1～1×10^{-4} Pa（10^{-3}～10^{-6} mmHg）］。镀膜机所使用的复合真空计是热偶真空计和电离真空计的组合。

　　1）热偶真空计的原理

　　热偶真空计由热偶真空规管和相应的电路组成。热偶真空规管如图 10-5 所示，用一个稳定的电流（90～130 mA）加热钨丝，在加热的同时，测量热电偶产生的温差电动势。当管内真空度上升时（即气压下降时），热量散失减小，钨丝温度将升高，使热电偶两端的温差电动势增大。从而建立了规管内压强和温差电动势的关系，经过校准，就可以通过测量温差电动势来指示测量的压强值。

　　2）电离真空计的原理

　　热阴极电离真空计由电离真空规管和相应的电路组成。热阴极电离真空规管如图 10-6 所示。灯丝通电加热后发射电子，被处于正电位的栅极加速，产生一定

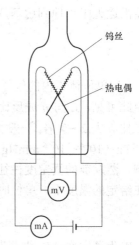

图 10-5　热偶真空规管

能量，与气体分子碰撞，使气体电离，产生正离子。正离子被处于负电位的离子收集极所收集。离子流的强度和气体压强成正比

$$I_+ = K I_E P \qquad (10-1)$$

式中：比例常数 K 称为电离真空规管的灵敏度，由规管的结构和各电极的工作电位决定，在一定压强范围内近似为常数；I_E 是阴极发射电流的强度。只有当阴极发射电流保持恒定时，离子流和压强才成正比。测量前，要把阴极发射电流调整到规定值。切记电离真空规管的测量范围为 0.1～1×10^{-4} Pa（10^{-3}～10^{-6} mmHg），只有当被测真空系统气压低于 0.1 Pa（10^{-3} mmHg）时才能使用，否则将损坏规管。

3. 真空镀膜

　　在真空条件下，使固体表面沉淀上一层金属或介质薄膜，称为真空镀膜。由于采用的机理不同，真空镀膜的方法

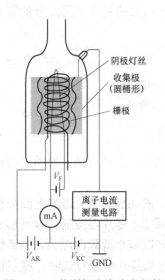

图 10-6　热阴极电离真空规管

可分为蒸发法、溅射法和离子法等。本实验采用蒸发法。蒸发法是在真空状态下，将蒸发材料加热气化成细小的质点，在较冷的工件表面凝固成薄膜。加热蒸发材料的方法有两种：电阻法和电子束加热法，后者一般用于难熔材料的蒸发。本实验采用电阻法。

固体材料在常温下，蒸发量微小，蒸发离开表面的分子有的因周围气体压强高又回到该材料中去了。如果将固体材料置于真空室内，在低气体压强下，将该材料加热，被加热材料的分子，易于离开表面向四周散射，蒸发材料的分子在散射途中遇到要镀膜的基片，就在基片上积淀成一层薄膜。同时，蒸发材料也会积淀到真空室内不受遮挡的地方。蒸发积淀薄膜的厚度和质量与基片位置、蒸发源的形状、真空室内残余气体的压强、蒸发源的温度等多种因素有关。

真空室内残余气体分子越少，固体材料蒸发的分子与气体分子碰撞的概率就越小，真空室内气体分子的平均自由程 L 应大于蒸发源与基片的距离 h。只有 $L \gg h$ 时，材料蒸发的分子才能沿途无阻挡地到达基片的表面。气体分子的平均自由程为

$$L = \frac{1}{\sqrt{2}\pi n\sigma^2} \qquad (10-2)$$

式中：n 为单位体积内的气体分子数；σ 为分子的有效直径。

由此可见，L 与 n 成反比，而 n 与压强 P 成正比，即 L 与 P 成反比。蒸发时，一般要选择 L 比 h 大 2～3 倍。一般真空镀膜机的 h 在 30 cm 左右，气体压强（真空度）在 1×10^{-2}～1×10^{-4} Pa（10^{-4}～10^{-6} mmHg）范围内。为了避免蒸发中因蒸发室内温度升高放出大量气体的影响，蒸发前的真空度往往要高些。

在给定的温度下，单位时间内从单位面积上物质以蒸气形式移去的量称为蒸发率

$$W = P_V\sqrt{M/2\pi kT} \qquad (10-3)$$

式中：W 为蒸发率；P_V 为蒸发蒸气压；M 为物质的分子量；T 为蒸发时的温度；k 为与物质种类有关的常数。

如果蒸发材料集中到足以看成为一个点蒸发源，则与蒸发源相对的基片中间部分的基点厚度为

$$t_0 = m/(4\pi\rho h^2) \qquad (10-4)$$

式中：m 为蒸发物质的质量；ρ 为比重；h 为蒸发源与基片之间的距离。

如果用不能作为点源的舟形加热器，基片中间部分的基点厚度为

$$t_0 = m/(\pi\rho h^2) \qquad (10-5)$$

基片表面的状况对镀膜的质量有较大影响，如果基片表面清洁，光洁度高，则膜层结构密致，附着力强。

基片温度对薄膜结构有较大影响。基片温度高，使吸附原子的动能增大，跨越表面势垒的概率增加，容易结晶化，使薄膜缺陷减少，并使薄膜内应力减小。基片温度低，容易形成无定形结构的膜。当蒸镀较厚的膜时，可选择较高的基片温度，以减小薄膜内应力。当蒸镀较薄的膜时，可选择较低的基片温度（稍加热或不加热）。因为当基片温度较低时，膜层比较均匀密致。

实验装置

真空镀膜机的真空系统如图 10-7 所示，真空室结构如图 10-8 所示。

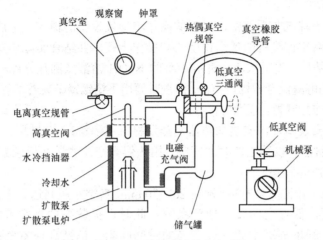

图 10-7　真空镀膜机的真空系统

电阻加热器（蒸发器）装在真空室底盘的低压电极上，通过低压大电流变压器供电。电阻加热器可以采用金属丝（一般用钨丝），中间做成凹形，并整齐密绕细钨丝，以便蒸发材料熔化后附着其上，蒸发材料（如铝丝），扭成弯，挂在加热器上，如图 10-9 所示。

图 10-8　真空镀膜机的真空室结构

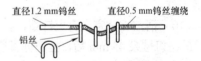

图 10-9　加热器和蒸发材料

为了在蒸镀前清除基片及真空室吸附的气体，镀膜机装有离子轰击电路。交流电经升压整流后输送到真空室轰击电极上。当真空度为 1×10^{-2} Pa（1×10^{-4} mmHg）时打开轰击开关，调整轰击电压，真空室内稀薄气体发生辉光放电，产生大量具有一定能量的离子，撞击工作表面和真空室四壁，使附着在上面的气体分子释放出来，达到清洁表面和提高真空度的作用。

在蒸发材料加热熔化的过程中，将会有大量吸附在材料及加热器中的气体放出，造成真空度急剧下降，严重影响镀膜质量。需要先在真空室内对蒸发材料进行预熔，在预熔时要用挡板将蒸发材料挡住，以防止预熔过程中有蒸发材料镀到基片（工件）上。无论对于金属材料或介质材料预熔都是不可缺少的步骤。

低真空阀用来控制机械泵抽钟罩（真空室）或抽系统（扩散泵出口）。工作时机械泵首先要抽钟罩，使其真空度达到扩散泵可以正常工作的要求。扩散泵工作时再将机械泵接到抽气系统。

高真空阀用来控制扩散泵与真空室的连接,开高真空阀后扩散泵抽真空室,达到高真空。

实验步骤

本实验的实验步骤应非常严密,错误的操作将导致设备的损坏,造成较大损失。

(1)仔细阅读真空镀膜机的使用说明书和操作步骤,并结合实际装置熟悉操作步骤。

(2)清洗玻璃基片。先用水洗,再用 10% 的 NaOH 溶液煮沸几分钟,然后用纯净水进行超声波清洗,最后用醇醚混合液棉球擦净。清洗时要用不锈钢镊子夹着基片,不要直接用手拿。

(3)用钨丝制作加热器,见图 10-9。

(4)开钟罩,安装基片,安装加热器及蒸发材料(铝丝)。关钟罩。

(5)机械泵抽钟罩。以适当的时间间隔,用热偶真空计测量并记录真空室气压,直到压强达到 2 Pa(2×10^{-2} mmHg)。

(6)打开冷却水,开扩散泵电炉,预热 20~30 min。真空室压强达到 2 Pa(2×10^{-2} mmHg)以下,开高真空阀,低真空阀置于抽气系统,此时,扩散泵抽真空室。气压低于 0.1 Pa(10^{-3} mmHg)后,开电离真空计,以适当的时间间隔,记录真空室气压,直到压强达到 7×10^{-3} Pa(5×10^{-5} mmHg)。

(7)压强达到 1×10^{-2} Pa(1×10^{-4} mmHg)时,开轰击开关,调整轰击电压,轰击去气。此项步骤是否省略由指导教师决定。

(8)压强达到 7×10^{-3} Pa(5×10^{-5} mmHg)时,将活动挡板转到蒸发源上面,进行预熔。接通蒸发电源后,调整"蒸发调节"旋钮,使电压缓慢升到 80~100 V。当铝丝熔化成小球后,再适当升高电压(一般为 150 V),净化蒸发源,除去氧化膜等杂质。然后立即移开活动挡板,进行蒸发,十几秒后,观察基片上膜的情况。镀好后,立即移动挡板,挡住基片,将蒸发电压降到零。

(9)关复合真空计,关高真空阀和扩散泵电炉。待真空室降温后,放入空气,升钟罩,取出工件。

(10)清洁真空室,合上钟罩,拉出低真空阀,抽真空室 10 min。推进低真空阀,抽系统。关扩散泵机械泵 45 min 后,拉出低真空阀,再抽钟罩 10 min,关冷却水,关机械泵,关总电源。

实验报告要求

(1)画出使用机械泵时的 $t-P$ 曲线,估测机械泵的极限真空度。

(2)画出使用扩散泵时的 $t-P$ 曲线,估测系统的极限真空度。并在图中标明除气、预熔和蒸发等时的真空度。

(3)本实验是一个操作性很强的实验,请写出实验小结和体会。

注意事项

(1)扩散泵在预热和工作时必须开冷却水,否则扩散泵油将烧干,甚至损坏扩散泵,造成较大损失。关扩散泵后,待其冷却,才能关冷却水。真空室气压低于 2 Pa(2×10^{-2} mmHg)时扩散泵才能工作(开高真空阀),否则将损失大量扩散泵油。真空室充气前必须先关高真空阀,用机械泵抽系统。

（2）只有气压低于 1 Pa（10^{-3} mmHg）时才能使用电离真空计，否则电离真空规管将立即损坏。特别注意，开复合真空计前和关高真空阀前，必须首先断开电离真空规管。

（3）清洁基片和制作加热器时注意安全，防止割伤手，防止钨丝刺伤。

（4）本实验采用 mmHg（毫米汞柱）和 Pa 作为真空度或气压单位，1 mmHg＝133 Pa。

（5）如果采用成品钨绞丝螺绕加热器，实验步骤（3）可删除。具体根据指导教师的安排而定。

1. 扩散泵工作时突遇停水事故和停电事故应如何应对？（课前思考）

2. 预熔时为什么要缓慢升高蒸发电压？（课前思考）

3. 定性说明为什么在真空度很低时热偶真空计无法测量气体压强？

4. 膜的厚度与哪些因素有关？膜与基片的附着程度与哪些因素有关？

参考文献

［1］郝兰. 真空镀膜技术［M］. 林树嘉，译. 北京：国防工业出版社，1962.

实验 10.2　磁控溅射镀膜

溅射镀膜是一种制备薄膜的重要技术。薄膜材料科学在材料科学中，具有极重要的地位。由于在实现微电子器件微型化，发光器件的研制等方面，薄膜技术都是最有效手段，因此，薄膜材料科学成为现代材料科学中发展最为迅速的一个分支。

溅射镀膜是利用溅射现象来制备各种薄膜，即在真空室内利用荷能离子轰击靶表面，使被轰击出的粒子在衬底上沉积的技术。与真空蒸发法镀膜相比，溅射镀膜的特点是：它依靠动量交换作用使固体材料的原子、分子成为气相，溅射出的粒子的动能可达到数十电子伏特，比真空蒸镀高 10～100 倍，因而镀层质量高，与衬底结合牢固；并且，很多材料都适合溅射镀膜，即使高熔点材料也容易进行溅射，对于合金、化合物材料易于制成与靶材组分比例相同的薄膜。因此，溅射镀膜的应用要比真空蒸镀广泛得多。

实验目的

（1）了解磁控溅射镀膜的原理与应用。

（2）了解并初步掌握磁控溅射镀膜技术。

（3）进一步了解真空镀膜机的工作原理和应用。

实验原理

1. 原理概述

溅射镀膜的原理可以概括为：带电荷的离子在电场中加速后具有一定动能，将离子引向被溅射的靶电极；在离子能量适当的条件下，入射的离子将在与靶表面原子的碰撞过程中使后者溅射出来；这些溅射出来的原子带有一定动能，并且会延一定方向射向衬底，在衬底上沉积一层薄膜。

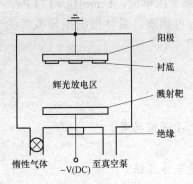

图 10-10　直流溅射沉积装置示意图

首先考察一下溅射镀膜的基本过程。在图 10-10 所示的真空系统中，将被溅射的材料制成靶，作为阴极，衬底作为阳极。系统抽真空后，充进适量惰性气体，如氩气，作为放电载体，压力一般控制在 0.1～10 Pa 范围内。给在两电极上加数千伏电压后，极间气体原子被大量电离。电离的结果使氩原子 Ar 成为离子 Ar^+ 和自由电子，这些电子飞向阳极，同时离子 Ar^+ 则在两极间电场的加速作用下高速飞向作为阴极的靶上，并与靶材相碰撞，使大量靶材原子获得了足够的能量，从靶材逸出冲向衬底。伴随着溅射过程，还会出现其他粒子，如二次电子、离子、光子等从阴极发射。

2. 辉光放电

气体放电是离子溅射过程的基础。

直流放电系统，如图 10-11 所示，直流电源 E 通过限流电阻 R 加到电极上，电极之间电压为 U，电流为 I，则

$$U = E - RI$$

使真空罩内 Ar 的压力保持在 1 Pa，逐步提高电极之间的电压 U。起始阶段，电流 I 为 0，因为这时气体原子大多未出现电离，只有极少数原子受到宇宙射线的辐射产生了电离，它们在电场作用下定向运动，形成微弱的电流，即图 10-11（b）曲线接近原点的一段。

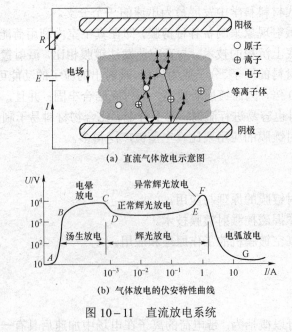

(a) 直流气体放电示意图

(b) 气体放电的伏安特性曲线

图 10-11　直流放电系统

随着电压的升高，离子 Ar$^+$和自由电子的定向运动速度加快，电流逐渐升高（曲线 *AB* 段），直到电流达到 *B* 点，出现一个饱和值，它取决于气体中原来已经电离的原子数。

电压继续升高，进入 *BC* 段，这就是汤生放电。关于汤生放电的理论是英国物理学家 J.S. 汤生于 1903 年提出的，故这种放电称为汤生放电。汤生放电的物理描述是：外界能量在阴极表面辐射出一个电子，这个电子向阳极方向飞行，并与原子频繁碰撞，其中一些碰撞可能导致原子电离，得到一个正离子和一个电子。新电子和原有电子一起，在电场加速下继续前进，又能引起原子的电离，电子数目便雪崩式地增长。当产生的电子数正好能形成足够数量的离子，这些能再生出同样数量的电子时，放电达到自持。这时，放电电流迅速增加，电压却变化不大。

汤生放电后期，在电场较强的尖端位置出现一些电晕光斑，放电过程进入电晕放电阶段。

汤生放电后的 *CD* 段，气体突然发生击穿现象，电流显著增加，同时电压却大幅度下降。这是由于气体被击穿后，气体的电阻随着电离度的增加明显下降，放电区从原来的阴极边角部分向整个阴极上面扩展。这一阶段离子 Ar$^+$ 和自由电子数量大增，并具有足够高的能量，因此会出现明显的辉光。

随后，辉光放电区从原来的阴极附近向阳极方向扩展，直到放电区到达阳极，同时辉光亮度提高，这个阶段为正常辉光放电阶段。辉光放电区到达阳极后，如果继续增加电流，就要升高放电电压，这就是异常辉光放电阶段。溅射方法通常工作在异常辉光放电阶段。

如果电压仍然增加，就会发生电弧放电。显然，在溅射镀膜过程中，必须避免发生电弧放电。

放电击穿后的气体具有一定的导电能力，它是一种由离子、电子及电中性的原子和原子团组成的气体，在宏观上呈现出电中性，这样的物态称为等离子体。

3. 影响溅射的因素

溅射是一个离子轰击靶表面，在碰撞过程中发生能量与动量的转移，并将靶表面原子激发出来的过程。被溅射出来的原子与入射离子数之比称为溅射产额，它是衡量溅射效率的一个参数。

入射离子的能量大小对溅射产额有很大影响。入射离子的能量必须高于一个阈值，溅射才会出现。这个溅射阈值主要与被溅射的靶材物质的升华热存在一定比例关系（如表 10－1 所示），与入射离子的种类也有关。大部分金属的溅射阈值在 10～40 eV 之间。随着入射离子能量的增加，溅射产额先快速提高，离子能量到达 1～10 keV 后（与被溅射种类有关）变化趋缓，其后，继续增加离子能量反而使溅射产额下降。当入射离子能量达到 100 keV 后，将会产生离子注入现象。

表 10－1　一些金属元素的溅射阈值与升华热　　　　　单位：eV

金属元素	不同离子入射时的溅射阈值					金属元素的升华热
	Ne	Ar	Kr	Xe	Hg	
Au	20	20	20	18	—	3.90
Ag	12	15	15	17	—	3.35
Cu	17	17	16	15	20	3.53

入射离子的入射角度是影响溅射产额的另一个因素。设离子入射方向与靶面法线方向的夹角为 θ，考虑 θ 从零开始增加，溅射产额先随 $1/\cos\theta$ 规律增加，θ 接近 $80°$ 时溅射产额转为迅速下降。显然，斜入射时溅射产额较高；同时，斜入射时溅射产额随入射角变化较大。

影响溅射产额的又一个因素是入射离子和被溅射的物质种类。这里不作详细介绍，只给出有关结论。以惰性气体作为入射离子时，溅射产额较高；重离子的溅射产额明显高于轻离子的。通常采用 Ar 离子作为入射离子。

实验装置

溅射方法可分为四种：直流溅射、射频溅射、磁控溅射、反应溅射。也可以将这些结合起来，如本实验即为直流磁控溅射。

直流溅射的原理如前所述，它利用辉光放电产生溅射，设备相对射频溅射简单。常用 Ar 作为工作气体，靶材应为导体，一般是金属。工作气压是一个重要参数，它对溅射速率和薄膜质量都有很大影响。

磁控溅射是一种沉积速度较快、工作气压较低的溅射技术。磁控溅射是在与溅射靶表面平行方向上加上一个环形磁场区，如图 10-12 所示，利用洛伦兹力将电子限制在靶附近，使气体（如 Ar）在靶附近电离率大大提高。因此，在相同的工作气压下，有效地提高了溅射速率。

本实验使用一台教学型真空磁控溅射镀膜机，如图 10-13 所示。真空系统参见本书实验 10.1。采用铜作为靶材物质。

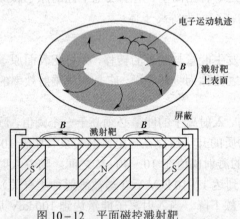

图 10-12　平面磁控溅射靶

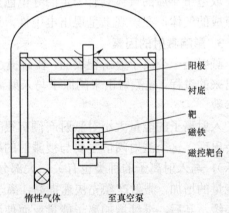

图 10-13　磁控溅射镀膜机示意图

实验步骤

（1）仔细阅读真空镀膜机的使用说明书和操作步骤，并结合实际装置熟悉操作步骤。

（2）清洗玻璃衬底。先用水洗，再用 10% 的 NaOH 溶液煮沸几分钟，然后用纯净水进行超声波清洗，最后用醇醚混合液棉球擦净。清洗时要用不锈钢镊子夹着衬底，不要直接用手拿。

（3）将衬底安装到镀膜机衬底架上。

（4）抽真空，并记录最后达到真空度。

（5）向真空室充氩气，仔细调节"充气微调"旋钮，使工作气压达到要求，具体数值由实验教师给出。

（6）待工作气压稳定后，溅射镀膜，磁控溅射的"电流调节"旋钮按指导教师的要求调整。

（7）按操作规程取出衬底，清理真空室，关机。

本实验是一个操作性很强的实验，请写出实验小结和体会。

注意事项

（1）扩散泵在预热和工作时必须开冷却水，否则扩散泵油将烧干，甚至损坏扩散泵，造成较大损失。关扩散泵后，待其冷却，才能关冷却水。真空室气压低于 2×10^{-2} mmHg 时扩散泵才能工作（开高真空阀），否则将损失大量扩散泵油。真空室充气前必须先关高真空阀，用机械泵抽系统。

（2）取下和安放玻璃钟罩时要轻拿轻放，防止磕碰。

（3）清洁衬底时注意安全，防止割伤手。

思考题

1. 相对真空蒸发镀膜，溅射镀膜有哪些优点？
2. 简述直流溅射和射频溅射的优缺点。
3. 直流溅射和射频溅射各适用于哪些材料？

参考文献

［1］唐伟忠. 薄膜材料制备原理、技术及应用［M］. 北京：冶金工业出版社，1998.

［2］杨津基. 气体放电［M］. 北京：科学出版社，1983.

［3］姜银方，朱元佑，戈晓岚. 现代表面工程技术［M］. 北京：化学工业出版社，2006.

第 **11** 部分

核磁共振实验

实验 11.1 核 磁 共 振

核磁共振（NMR）是一种磁共振现象，是原子核在核能级上的共振跃迁。利用核磁共振可以测定原子核的磁矩，精确地测量磁场，研究物质结构。1922 年斯特恩（Otto Stern，1888—1969）通过实验，用分子束方法证明了原子核磁矩空间量子化，并为进一步测定质子之类的亚原子粒子的磁矩奠定了基础。此后，拉比（Isidor Isaac Rabi，1898—1988）发展了分子束磁共振方法，可以精密测量核磁矩和光谱的超精细结构。1946 年布洛赫（Felix Bloch，1905—1983）实现了原子核感应，现称核磁共振。当年年底，塞尔（Edward Mills Purcell，1912—1997）首次报告了在凝聚态物质中观察到的核磁共振现象。1943 年斯特恩因在发展分子束方法上所作的贡献和发现了质子的核磁矩获得诺贝尔物理学奖。1944 年拉比因用共振方法记录了原子核的磁特性获得诺贝尔物理学奖。1952 年布洛赫和塞尔因发展了核磁精密测量的新方法及由此所作的发现获得诺贝尔物理学奖。在稳态核磁共振的基础上，20 世纪 50 年代出现了脉冲核磁共振方法，得到高灵敏度、高分辨率的核磁共振信号。核磁共振与计算机结合，发展了许多高新技术，其中包括在医疗诊断中常见的核磁共振三维成像技术。本实验只研究稳态核磁共振方法。

实验目的

（1）了解核磁共振的基本原理。

（2）利用核磁共振法测定质子（氢核，$_1^1\mathrm{H}$）和原子氟 19（$_9^{19}\mathrm{F}$）的旋磁比 γ、朗德因子 g 等。

（3）掌握一种测定磁感应强度的方法。

实验原理

1. 原子核的自旋与磁矩

原子核的重要特性，除了电荷与质量外，还有核自旋，即核的本征动量矩。由原子核的自旋可以求出原子的核磁矩。首先回顾一下电子的磁矩

$$\boldsymbol{\mu}_\mathrm{e} = -\frac{e\hbar}{2m_\mathrm{e}}(g_{\mathrm{e},l}\boldsymbol{L} + g_{\mathrm{e},s}\boldsymbol{S}) \tag{11-1}$$

式中：已将 $\hbar$ 从角动量中划出，$\boldsymbol{L}$ 为轨道角动量，$\boldsymbol{S}$ 为自旋角动量，分别满足

$$\boldsymbol{L}^2 = l(l+1), \quad \boldsymbol{S}^2 = s(s+1) \tag{11-2}$$

对于电子轨道和自旋的朗德因子分别为：$g_{e,l}=1$，$g_{e,s}=2$，则

$$\boldsymbol{\mu}_e = -\frac{e\hbar}{2m_e}(\boldsymbol{L}+2\boldsymbol{S}) = -(\boldsymbol{L}+2\boldsymbol{S})\mu_B \tag{11-3}$$

式中：μ_B 是玻尔磁子，它是电子磁矩的最小单位。

20 世纪 30 年代，人们认为质子与电子一样，自旋为 $\hbar/2$，质子的朗德因子 $g_{p,s}=2$，这是狄拉克理论要求的。即

$$\boldsymbol{\mu}_p = \frac{e\hbar}{2m_p}(\boldsymbol{L}+g_{p,s}\boldsymbol{S}) \tag{11-4}$$

引入与玻尔磁子 μ_B 相对应的核的玻尔磁子 μ_N，简称核磁子

$$\mu_N = \frac{e\hbar}{2m_p} = 5.050\,824\times10^{-27}\ \text{J/T}$$

由于质子的质量是电子质量的 1 836 倍，所以核磁子 μ_N 约为玻尔磁子的 1/1 836。将核磁子代入式（11-4）中，得

$$\boldsymbol{\mu}_p = \frac{e\hbar}{2m_p}(\boldsymbol{L}+g_{p,s}\boldsymbol{S}) = (\boldsymbol{L}+g_{p,s}\boldsymbol{S})\mu_N \tag{11-5}$$

但是，实验表明，质子（氢核）的 $g_{p,s}=5.58$ 与狄拉克理论要求的 $g_{p,s}=2$ 不符。所以，要正确计算原子的核磁矩数值，就要对核内核子的运动状态有一个合理描述，即建立一个正确的核模型。

而对于中子，因为中子不带电，原有的理论就给出了 $g_{n,l}=0$，$g_{n,s}=0$。但实验结果却是

$$\boldsymbol{\mu}_n = \frac{e\hbar}{2m_n}g_{n,s}\boldsymbol{S}, \quad g_{n,s}=-3.82 \tag{11-6}$$

中子不带电，与轨道角动量相联系的磁矩为零。但是，与自旋角动量相联系的磁矩却不为零，这表明，虽然中子整体不带电，但其内部存在电荷分布。中子自旋磁矩的符号表明，它和电子一样，自旋指向与磁矩相反。

2. 核磁共振

核磁矩是由核自旋引起的，因此，只考虑核自旋对角动量的贡献。将核的角量子数记作 I，角动量记作 $\boldsymbol{P}_I$，由量子化条件

$$P_I = \sqrt{I(I+1)}\hbar \tag{11-7}$$

角量子数 I 为 1/2 的整数倍。实验表明：原子核在基态时，所有偶偶核（中子和质子都是偶数的原子核）的自旋都是零，不会出现核磁共振现象。所有奇奇核（中子和质子都是奇数）$I=1$，2，3，…。所有奇偶核与偶奇核 I 为半整数的倍数，$I=1/2$，3/2，5/2，…，如 ${}_1^1\text{H}$ 和 ${}_9^{19}\text{F}$ 的 $I=1/2$。

原子的核磁矩和角动量的方向相同，将式（11-5）改写为如下形式，核磁矩为

$$\boldsymbol{\mu}_I = g_N \frac{\mu_N}{\hbar} \boldsymbol{P}_I = \gamma \boldsymbol{P}_I \qquad (11-8)$$

式中：g_N 为核的朗德因子；γ 称为原子核的旋磁比

$$\gamma = \frac{|\boldsymbol{\mu}_I|}{|\boldsymbol{P}_I|} = g_N \frac{\mu_N}{\hbar}$$

在恒定外磁场中，核磁矩 $\boldsymbol{\mu}_I$ 与自旋角动量 $\boldsymbol{P}_I$ 的相对空间取向和相互作用都是量子化的。设外磁场 $\boldsymbol{B}$ 的方向为 z 轴方向，与电子自旋共振类同，核磁矩 $\boldsymbol{\mu}_I$ 在 z 方向的投影为

$$\mu_{I,z} = m g_N \mu_N \qquad (11-9)$$

式中：m 称为磁量子数，$m = I, I-1, \cdots, -I+1, -I$。一个核能级能分裂成几个子能级，子能级为

$$E_i = -\boldsymbol{\mu} \cdot \boldsymbol{B} = -\mu_z B = -m_i g_N \mu_N B \qquad (11-10)$$

以质子为例，$I = 1/2$，则 $m_1 = +1/2$，$m_2 = -1/2$，两相邻能级之间的能量差 ΔE 为

$$\begin{aligned}
\Delta E &= E_2 - E_1 = -m_2 g_N \mu_N B - (-m_1 g_N \mu_N B) \\
&= -(m_2 - m_1) g_N \mu_N B = -\Delta m g_N \mu_N B \qquad (11-11) \\
&= g_N \mu_N B
\end{aligned}$$

这里，跃迁服从选择定则：$\Delta m = m_2 - m_1 = \pm 1$。

如果在垂直于外磁场 $\boldsymbol{B}$ 的方向上加一个频率为 ν 的电磁波，与两相邻能级之间的能量差 ΔE 匹配，即满足

$$h\nu = \Delta E = g_N \mu_N B \qquad (11-12)$$

即

$$\omega = \gamma B \qquad (11-13)$$

时将产生核磁共振，原子核从电磁波（射频或微波）中吸收能量 $h\nu$，发生能级跃迁。其中 ω 是电磁波的角频率。

3. 粒子差数与共振信号的观测

核磁共振的样品中有大量相同的原子核，在热平衡时上下能级的粒子数的关系服从玻尔兹曼分布，即

$$N_2 \big/ N_1 = \exp\left(-\frac{\Delta E}{kT}\right) \qquad (11-14)$$

式中：k 为玻尔兹曼常量。由于 $\Delta E \ll kT$

$$N_2 \big/ N_1 = 1 - \frac{\Delta E}{kT} \qquad (11-15)$$

对于 $_1^1 H$，当磁感强度 B 为 1 T，温度 $T = 300$ K 时，$\Delta E / kT \approx 7 \times 10^{-6}$，$N_2 / N_1 = 0.999\,993$ 或 $(N_1 - N_2)/N_1 \approx 7 \times 10^{-6}$，这说明每百万个粒子中低能级的仅比高能级的多 7 个，即低能级上每百万个粒子中仅 7 个参与核磁共振。所以核磁共振信号是很微弱的。由式（11−11）和式（11−14）可知，外磁场 $\boldsymbol{B}$ 越强，温度越低，则粒子差数越大，共振信号越强。另外，外磁场 $\boldsymbol{B}$ 在样品范围内要高度均匀。

4. 共振吸收信号的饱和问题

发生共振从射频场吸收能量后，粒子受激跃迁，上下能级的粒子差数随时间按指数规律

减少，在射频场持续作用下，差数趋于零，这时样品不再吸收能量，达到饱和。而同时，上能级的粒子不断无辐射跃迁到下能级，粒子数目按能级的分布又会自动恢复到原来的平衡态，这个过程称为弛豫过程，这种跃迁是热弛豫跃迁，所经历的时间叫弛豫时间。

磁共振时，受激跃迁和弛豫过程同时存在。达到动平态衡时，上下能级的粒子差数 n_S 为

$$n_S = \frac{n_0}{1 + 2\rho T_1} = Z n_0 \tag{11-16}$$

式中：$n_0 = N_1 - N_2$；ρ 为受激跃迁的概率；T_1 为由上向下和由下向上热弛豫跃迁概率平均值的 1/2；Z 为饱和因子。

当 $\rho T_1 \ll 1$ 时，$Z \approx 1$，$n_S \approx n_0$ 完全无饱和现象。

当 $\rho T_1 \gg 1$ 时，$Z \approx 0$，$n_S \approx 0$ 完全饱和，这时将看不到共振吸收现象。

因此，为了获得较强的吸收信号，希望 ρ 和 T_1 小些。而 ρ 正比于射频场 B_R^2，所以外加射频场应尽量弱些。

实验装置

稳态法核磁共振实验利用示波器观察共振吸收信号，实现方法有两种：① 调频法，使用稳恒外磁场，逐渐改变射频频率，即射频电磁波"扫频"；② 调场法，固定射频频率，逐渐改变外磁场 B 的大小，即外磁场"扫场"。由于射频电磁波的 ω 或外磁场 B 的不断变化，在满足共振条件 $\omega = \omega_0 = \gamma B_0$ 的点上，示波器将显示吸收信号。本实验采用调场法，即用一个低频交变磁场叠加在稳恒磁场上，形成外磁场。射频电磁波的频率可以手动调整，以便选择不同的 ω。本实验装置的原理框图如图 11-1 所示。它是由产生外磁场 B 的电磁铁及其电源、探头及边限振荡器、频率计、示波器等组成。

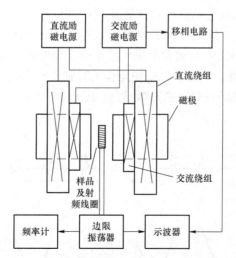

图 11-1　核磁共振实验装置的原理框图

1. 稳恒磁场

稳恒磁场采用电磁铁。对稳恒磁场要求稳定性好，在样品所在范围内高度均匀。本实验中稳恒磁场线圈（直流绕组）由直流稳流电源供电，仔细调整样品位置，可在磁极中心区域

找到磁场高度均匀的部分，使共振信号最强。通过调整电流大小来改变磁感应强度 B，以满足式（11-12）和式（11-13）。

2. 调制磁场

把主磁场 B_D 调到共振所需磁场强度 B_0 附近时，通过套在磁极上的两个调制线圈（交流绕组），通以 50 Hz 交流电，产生相对稳恒磁场较弱的调制磁场 B_A，叠加在稳恒场上，磁场以 50 Hz 周期性变化。当 $B_0 = B_D + B_A$ 时，满足 $h\nu = g\mu_N B$，样品发生共振，在示波器上显示一个吸收峰，如图 11-2 所示。由于用 50 Hz 的交流电信号扫描，通过共振区所用时间并不比弛豫时间大很多，所以共振信号会有尾波。

3. NMR 探头及其电路

探头和边限振荡器是实验仪的核心部分，不仅提供一个满足共振条件的射频电磁波，而且还用来接收、放大共振信号使之便于观察。

边限振荡器是一个 LC 振荡器。实验中将边限振荡器调整到起振的边缘，使射频电磁波较弱。电路中的电感 L 是内部插有样品的射频线圈。C 是可调电容，通过调整 C 改变边限振荡器的频率。当样品吸收的能量不同（即射频线圈 Q 值变化）时，振荡器的振幅将有较大的变化。当出现磁共振现象时，样品吸收射频场的能量，使 LC 振荡器的 Q 值下降，导致 LC 振荡器振幅下降。再经检波、放大，就可把反映振荡器振幅大小变化的共振吸收信号用示波器显示出来。

4. 移相电路

示波器 X 轴除了采时基信号外，也可以采用调场信号。将扫场信号经移相电路接到 X 轴，调整移相电路改变 X 轴输入的扫描电压与调制磁场间的相位，使显示的两个共振峰的相对位置变化，以便观察。

另外，射频频率用频率计测量，NMR 吸收信号用示波器观察、检测。

图 11-2 和图 11-3 分别为示波器轴 X 轴采用时基信号和扫场信号时的磁共振曲线，调整稳恒磁场 B_D，当满足 $B_D = B_0$ 时，前者出现一组等间距的磁共振吸收峰，后者在图形中间出现一对吸收峰。当 B_D 接近 B_0 时前者出现一组不等间距的磁共振吸收峰，后者出现的一对吸收峰将不在图形中间位置。当 B_D 与 B_0 相差较大时则不会出现吸收峰。

在本实验中，采用 X 轴为扫场的方式，以便识别伪吸收峰，较容易找到 B_0。

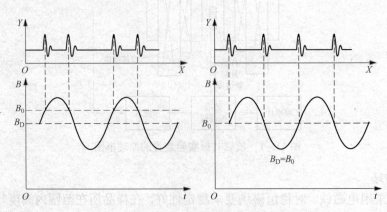

图 11-2 示波器 X 轴为时基信号时的扫场与吸收峰的关系

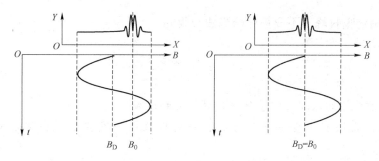

图 11-3 示波器 X 轴为扫场信号时的扫场与吸收峰的关系

实验步骤

本实验用比较法测量 $^{19}_{9}F$ 的旋磁比。首先用 $^{1}_{1}H$ 核样品标定磁场，$^{1}_{1}H$ 核的 g 因子作为已知量，再测量 $^{19}_{9}F$ 核样品。示波器设置为 XY 方式，X 轴输入扫场信号。具体步骤如下。

1. 用 $^{1}_{1}H$ 核样品（水样品）对磁场标定

（1）接好仪器电路连线，将 $^{1}_{1}H$ 样品安装到电磁铁上，打开核磁共振仪、示波器和频率计电源开关。

（2）将"扫场"（稳恒磁场上叠加的扫描磁场）调到最大，仔细调整"频率调节"（边限振荡器的射频场频率）和"边振调节"，并调整"磁场"（稳恒磁场），使励磁电流在 $1.5 \sim 2.2$ A 之间，射频场频率在 14 MHz 左右，调出共振信号（吸收峰）。调整样品在磁场中的位置，使吸收峰最强。调整"相位"，使两个吸收峰靠近。

注意，只有峰位随频率和磁场的改变而沿示波器 X 方向移动，才是吸收峰；每个扫场周期会出现两个吸收峰，当两峰位于显示波形对称位置时，磁场 $B=B_0$。

（3）在 $13.5 \sim 15.5$ MHz 内，测量 10 个共振点，记录频率和励磁电流，测点要均匀分布。注意找准测点，峰位在显示屏正中时为测点。

2. 测定 $^{19}_{9}F$ 的 γ 和 g 因子

方法同上。将水样品换成 $^{19}_{9}F$ 样品，换样品时必须关机。在 $13 \sim 16$ MHz 内记录 8 个测点。

数据处理

（1）由 $^{1}_{1}H$ 样品对磁场标定，$^{1}_{1}H$ 的 $g=5.586$，由各测点的频率值用式（11-12）求出各 B_{0n}。

（2）将 B_{0n} 和 I_n（各励磁电流）列表，作 $I-B$ 曲线，用最小二乘法求出 $I-B$ 关系式。

（3）计算 $^{19}_{9}F$ 的 γ、g。由各测点的励磁电流用 $I-B$ 关系式计算 $^{19}_{9}F$ 的各 B_0，求出各次测量的 γ、g_N、μ_z 和 μ_I。注意，$^{19}_{9}F$ 的 $I=1/2$，$m=\pm 1/2$，μ_z 和 μ_I 以核磁子 μ_N 为单位。

注意事项

（1）更换样品时要关机，安装要小心，防止样品损坏。

（2）励磁电流不要超过 2.2 A，以免仪器过热。测量暂停时要将励磁电流调到 0。通电不能超过 10 min，每 10 min 要把励磁电流调到 0，让设备降温一段时间。

（3）仔细确定吸收峰，不要把伪峰当成吸收峰。

1. 简述核磁共振的原理并回答什么是调场法和调频法。

2. 从理论上说明在调整共振信号时，一对吸收峰一定要出现在图形中间才行，见图 11-3。

3. 如何识别伪峰？

4. 简述样品温度对实验影响。

5. 为什么要使用边限振荡器产生射频场？

[1] 杨福家. 原子物理学 [M]. 北京：高等教育出版社，1990.

实验 11.2 脉冲核磁共振

核磁共振指受电磁波作用的原子核系统，在外磁场中能级之间发生的共振跃迁现象。早期的核磁共振电磁波主要采用连续波，灵敏度较低。1966 年发展起来的脉冲傅里叶变换核磁共振技术，将信号采集由频域变为时域，从而大大提高了检测灵敏度，由此脉冲核磁共振（plus-NMR，PNMR）技术迅速发展，成为物理、化学、生物、医学等领域中分析鉴定和微观结构研究不可缺少的工具。

实验目的

（1）掌握脉冲核磁共振的基本概念和方法。

（2）通过观测核磁共振对射频脉冲的响应，了解能级跃迁过程（弛豫）。

（3）了解自旋回波，利用自旋回波测量横向弛豫时间 T_2。

实验原理

1. 基础知识

具有自旋的原子核，其自旋角动量 P_I 的大小为

$$P_I = \sqrt{I(I+1)}\hbar \tag{11-17}$$

式中：I 为自旋量子数，其值为半整数或整数，由核性质决定；$\hbar = h/2\pi$，h 为普朗克常量。自旋的核具有磁矩 μ_I，μ_I 和自旋角动量 P_I 的关系为

$$\mu_I = \gamma P_I \tag{11-18}$$

式中：γ 为旋磁比。

在外加磁场 $B_0 = 0$ 时，核自旋为 P_I 的核处于 $(2I+1)$ 度简并态，外磁场 $B_0 \neq 0$ 时，自

旋角动量 $\boldsymbol{P}_I$ 和磁矩 $\boldsymbol{\mu}$ 绕 $\boldsymbol{B}_0$（设为 z 方向）进动，进动角频率为

$$\omega_0 = \gamma B_0 \tag{11-19}$$

式（11-19）称为拉莫尔进动公式。由拉莫尔进动公式可知，核磁矩在恒定磁场中将绕磁场方向作进动，进动的角频率 ω_0 取决于核的旋磁比 γ 和磁场磁感应强度 B_0 的大小。

由于核自旋角动量 $\boldsymbol{P}_I$ 空间取向是量子化的，$\boldsymbol{P}_I$ 在 z 方向上的分量只能取 $(2I+1)$ 个值，即

$$I_z = m\hbar \quad (m = I, I-1, \cdots, -I+1, -I) \tag{11-20}$$

m 为磁量子数，相应地

$$\mu_z = \gamma I_z = \gamma m\hbar \tag{11-21}$$

此时原 $(2I+1)$ 度简并能级发生赛曼分裂，形成 $(2I+1)$ 个分裂子能级

$$E = -\boldsymbol{\mu} \cdot \boldsymbol{B}_0 = -\mu\cos\theta B_0 = -\mu_z B_0 = -\gamma m\hbar B_0 \tag{11-22}$$

相邻两个子能级之间的能量差为

$$\Delta E = \gamma\hbar B_0 \tag{11-23}$$

对 $I=1/2$ 的核，例如氢、氟等，在磁场中仅分裂为上下两个能级。

2. 核磁共振

实现核磁共振的条件为：在一个恒定外磁场 $\boldsymbol{B}_0$ 作用下，另在垂直于 $\boldsymbol{B}_0$ 的平面（xy 平面）内加进一个旋转磁场 $\boldsymbol{B}_1$，使 $\boldsymbol{B}_1$ 转动方向与 $\boldsymbol{\mu}$ 的拉莫尔进动同方向，如图 11-4 所示。如 $\boldsymbol{B}_1$ 的转动频率 ω 与拉莫尔进动频率 ω_0 相等时，$\boldsymbol{\mu}_I$ 会绕 $\boldsymbol{B}_0$ 和 $\boldsymbol{B}_1$ 的合矢量进动，使 $\boldsymbol{\mu}_I$ 与 $\boldsymbol{B}_0$ 的夹角 θ 发生改变，θ 增大时，核吸收 $\boldsymbol{B}_1$ 磁场的能量使势能增加，见式（11-22）。如果 $\boldsymbol{B}_1$ 的转动频率 ω 和 ω_0 不等，自旋系统会交替地吸收和放出能量，没有净能吸收。因此，能量吸收是一种共振现象，只有 $\boldsymbol{B}_1$ 的转动频率 ω 和 ω_0 相等时才能发生共振。旋转磁场 $\boldsymbol{B}_0$ 可以方便地由振荡回路线圈中产生的直线振荡磁场得到。因为一个 $2\boldsymbol{B}_1\cos\omega t$ 的直线磁场，可以看成由两个反方向旋转的磁场 $\boldsymbol{B}_1$ 合成，如图 11-5 所示。一个与拉莫尔进动同方向，另一个反方向。反方向的磁场对 $\boldsymbol{\mu}_I$ 的作用可以忽略。旋转磁场作用方式可以采用连续波方式也可以采用脉冲方式。

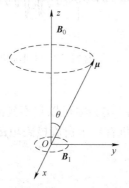

图 11-4　拉莫尔进动

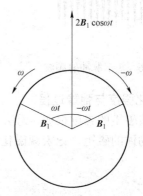

图 11-5　直线振荡场

3. PNMR 的波谱分析

在连续波 NMR 实验里，NMR 发生的条件满足式（11-19），即拉莫尔进动公式。这个

条件对于 PNMR 也是必需的，但其实现方法与连续波 NMR 有极大不同。在连续波 NMR 中，实现共振的方法有调频法与调场法两种，固定射频信号频率与外磁场其中之一，周期性地改变另一个变量，使得式（11–19）周期性的满足。在 PNMR 中，磁场是固定的，射频信号不再是固定或者连续的无穷长的波列，而是采取了脉冲波形，其中最为常见的波形是图 11–6 所示的矩形脉冲（RF）。射频信号在时间为 $-\tau/2 \sim \tau/2$ 这段时间内发射的一段有限长的波列。该脉冲信号的频谱可通过傅里叶变化进行计算

$$A(\omega) = \int_{-\infty}^{+\infty} a(t)\,\mathrm{e}^{-\mathrm{j}\omega t}\,\mathrm{d}t \qquad (11-24)$$

射频信号的波列可以用复数表示为

$$a(t) = \begin{cases} a_0\mathrm{e}^{-\mathrm{j}\omega_0 t}, & |t| \leqslant \tau/2 \\ 0, & |t| > \tau/2 \end{cases} \qquad (11-25)$$

式中：ω_0 是发射信号的角频率；a_0 是波振幅。将式（11–25）代入式（11–24），可得脉冲信号的频谱为

$$A(\omega) = a_0\tau \cdot \sin\frac{(\omega-\omega_0)\tau}{2} \Big/ \frac{(\omega-\omega_0)\tau}{2} \qquad (11-26)$$

式（11–26）表示的频谱具有"抽样函数"的形式，其频谱图如图 11–7 所示，它是以 ω_0 为中心两边振荡衰减的函数，其主要频率成分在主峰 $\omega_0-\tau/2 \sim \omega_0+\tau/2$ 范围以内。根据图 11–7 与共振条件式（11–19）可以得出如下结论：只要磁场大小调整到主峰内的某个频率，共振就能发生。由于主峰内各种频率成分的幅度不同，若在不同频率共振，共振信号的幅度也不同，对应中心频率的共振，共振信号幅度最大。

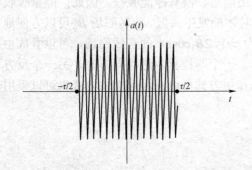

图 11–6　矩形脉冲射频波

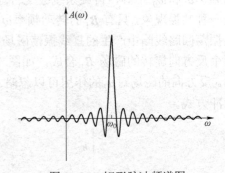

图 11–7　矩形脉冲频谱图

4. 宏观磁化强度与弛豫过程

单个原子核磁矩的强度很弱，无法在实验中观察到。实验中可以观察到的是由大量原子核组成的宏观物体的磁矩，记宏观磁化强度矢量 $\boldsymbol{M}$ 为所有单个自旋核磁矩 $\boldsymbol{\mu}_i$ 的矢量和，有

$$\boldsymbol{M} = \sum_{i=1}^{N} \boldsymbol{\mu}_i \qquad (11-27)$$

式中：$\boldsymbol{M}$ 体现了原子核系统被磁化的程度。在宏观非磁物体内，每个核磁矩的空间取向是随机的，$\boldsymbol{M}$ 为零。只有将物体放置于外磁场中才出现空间量子化，表现出宏观磁性。当沿 z 轴施加外磁场 $\boldsymbol{B}_0$ 时，每个核磁矩均绕着 $\boldsymbol{B}_0$ 方向旋进，它们彼此间的相位是随机的，所表现

出的 M 方向与 B_0 一致，如图 11-8（a）所示。若因某种因素（如射频场 B_1）使 M 偏离 z 轴，此时 M 除了有 z 分量外还有位于 xOy 平面内的分量 M_{xy}，M 以角频率 ω_0 绕 z 轴做拉莫尔进动，如图 11-8（b）所示。当射频场消失之后，总磁矩 M 依然绕 z 轴以拉莫尔频率 ω_0 旋转，并逐渐恢复到平衡态，这个过程称为弛豫过程，如图 11-8（c）所示。

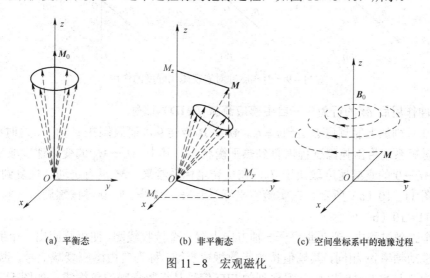

(a) 平衡态　　　　　(b) 非平衡态　　　　　(c) 空间坐标系中的弛豫过程

图 11-8　宏观磁化

从微观角度理解，弛豫过程可分为以下两种。

一种是由自旋磁矩与周围物质（晶格）相互作用，使 M_{xy} 逐渐恢复到 M_0，称为自旋-晶格弛豫，也称为纵向弛豫，以弛豫时间 T_1 表示，该过程中自旋核由高能态无辐射地返回低能态，能态粒子数差 n 按下式规律变化

$$n = n_0 \exp(-t / T_1) \tag{11-28}$$

式中：n_0 为时间 $t=0$ 时的能态粒子差。

另一种称为自旋-自旋弛豫，它导致 M 的横向分量 M_{xy} 逐渐趋于零，称为横向弛豫，以弛豫时间 T_2 表示。

5. 射频脉冲磁场 B_1 瞬态作用

如引入一个旋转坐标系（x', y', z'），z 方向与 B_0 方向重合，坐标旋转角频率 $\omega = \omega_0$，则 M 在新坐标系中静止。若某时刻，在垂直于 B_0 方向上施加一射频脉冲，其脉冲宽度 t_p 满足 $t_p \ll T_1$，$t_p \ll T_2$（T_1, T_2 为原子核系统的弛豫时间），通常可以把它分解为两个方向相反的圆偏振脉冲射频场，其中起作用的是施加在轴上的恒定磁场 B_1，作用时间为脉宽 t_p，在射频脉冲作用前 M 处于热平衡状态，方向与 z 轴（z' 轴）重合，施加射频脉冲作用，则 M 将以频率 γB_1 绕 x' 轴进动。

M 转过的角度 $\theta = \gamma B_1 t_p$[如图 11-9（a）所示]称为倾倒角，如果脉冲宽度恰好使 $\theta = \pi / 2$ 或 $\theta = \pi$，称这种脉冲为 90° 或 180° 脉冲。在 90° 脉冲作用下 M 将倒在 y' 上 [如图 11-9（b）所示]，在 180° 脉冲作用下 M 将倒向 $-z$ 方向 [如图 11-9（c）所示]。由 $\theta = \gamma B_1 t_p$ 可知，只要射频场足够强，则 t_p 值均可以做到足够小而满足 $t_p \ll T_1$，$t_p \ll T_2$，这意味着射频脉冲作用期间弛豫作用可以忽略不计。

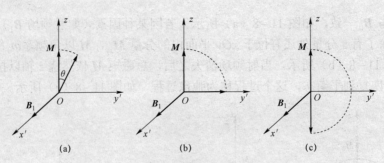

图 11-9　射频脉冲对宏观磁化强度的作用

6. 脉冲作用后 M 的行为——自由感应衰减（FID）信号

设 $t=0$ 时刻加上射频场 B_1，到 $t=t_p$，M 绕 B_1 旋转 $90°$ 而倾倒在 y' 轴上，这时射频场 B_1 消失，核磁矩系统将由弛豫过程恢复到热平衡状态。其中 $M_z \to M_0$ 的变化速度取决于 T_1，$M_x \to 0$ 与 $M_y \to 0$ 的衰减速度取决于 T_2，在旋转坐标系看来，M 没有进动，恢复到平衡位置的过程如图 11-10（a）所示。在实验室坐标系看来，M 绕 z 轴旋进按螺旋形式回到平衡位置，如图 11-10（b）所示。

在这个弛豫过程中，若在垂直于 z 轴方向上置一个接收线圈，便可感应出一个射频信号，其频率与进动频率 ω_0 相同，其幅值按照指数规律衰减，称为自由感应衰减信号，也写作 FID 信号。经检波并滤去射频以后，观察到的 FID 信号是指数衰减的包络线，如图 11-10（c）所示。FID 信号与 M 在 xOy 平面上横向分量的大小有关，所以 $90°$ 脉冲的 FID 信号幅值最大，$180°$ 脉冲的幅值为零。

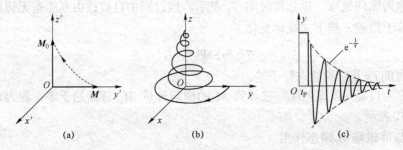

图 11-10　$90°$ 脉冲作用后的弛豫过程及自由感应衰减信号

实验中由于恒定磁场 B_0 不可能绝对均匀，样品中不同位置的核磁矩所处的外场大小有所不同，其进动频率各有差异，实际观测到的 FID 信号是各个不同进动频率的指数衰减信号的叠加。设 T_2' 为磁场不均匀所等效的横向弛豫时间，则总的 FID 信号的衰减速度由 T_2 和 T_2' 两者决定，可以用一个称为表观横向弛豫时间 T_2^* 来等效。

$$\frac{1}{T_2^*} = \frac{1}{T_2} + \frac{1}{T_2'} \tag{11-29}$$

若磁场域不均匀，则 T_2' 越小，从而 T_2^* 也越小，FID 信号衰减也越快。

7. 自旋回波法测量横向弛豫时间 T_2（$90°-\tau-180°$ 脉冲序列方式）

自旋回波是一种用双脉冲或多个脉冲来观察核磁共振信号的方法，它特别适用于测量横向弛豫时间 T_2，谱线的自然宽度是由自旋-自旋相互作用决定的，但在大多数情况下，由于外磁场不够均匀，谱线就变宽了，与这个宽度相对应的横向弛豫时间是前面讨论过的表观横向弛豫时间 T_2^*，而不是 T_2 了，但用自旋回波法仍可以测出横向弛豫时间 T_2。

实际应用中，常用两个或多个射频脉冲组成脉冲序列，周期性地作用于核磁矩系统。比如在 90° 射频脉冲作用后，经过 τ 时间再施加一个 180° 射频脉冲，便组成一个 $90°-\tau-180°$ 脉冲序列，这些脉冲序列的脉宽 t_p 和脉距 τ 应满足下列条件

$$t_p \ll T_1, T_2, \tau$$
$$T_2^* < \tau < T_1, T_2 \qquad (11-30)$$

$90°-\tau-180°$ 脉冲序列的作用结果如图 11-11 所示。在 90° 射频脉冲后即观察到 FID 信号；在 180° 射频脉冲后面对应于初始时刻的 2τ 处可观察到一个"回波"信号。这种回波信号是在脉冲序列作用下核自旋系统的运动引起的，所以称为自旋回波。

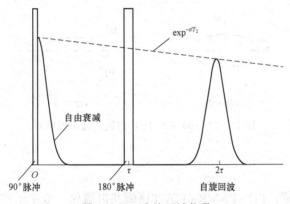

图 11-11　自旋回波信号

以下用图 11-12 来说明自旋回波的产生过程。图 11-12（a）表示磁化强度 M_0 在 90° 射频脉冲作用下绕 x' 轴转到 y' 轴上；图 11-12（b）表示脉冲消失后磁矩自由进动受到 B_0 不均匀的影响，样品中部分磁矩的进动频率不同，引起磁矩的进动频率不同，是磁矩相位分散并呈扇形展开。为此可把 M 看成是许多分量 M_i 之和。从旋转坐标系看来，进动频率等于 ω_0 的分量相对静止，大于 ω_0 的分量（图中以 M_1 代表）向前转动，小于 ω_0 的分量（图中以 M_2 代表）向后前转动；图 11-12（c）表示 180° 射频脉冲的作用使磁化强度各分量绕 z' 轴翻转 180°，并继续它们原来的转动方向运动；图 11-12（d）表示 $t=2\tau$ 时刻各磁化强度分量刚好汇聚到 $-y'$ 轴上；图 11-12（e）表示 $t>2\tau$ 以后，由于磁化强度各矢量继续转动而又呈扇形展开。因此，在 $t=2\tau$ 处得到如图 11-11 所示的自旋回波信号。

由此可知，自旋回波与 FID 信号密切相关，如果不存在横向弛豫，则自旋回波幅值应与初始的 FID 信号一样，但在 2τ 时间内横向弛豫作用不能忽略，磁化强度各横向分量相应减小，使得自旋回波信号幅值小于 FID 信号的初始幅值，而且脉距 τ 越大则自旋回波幅值越小，并且回波幅值 U 与脉距存在以下关系

$$U = U_0 e^{-t/T_2} \qquad (11-31)$$

式中：$t=2\tau$；U_0 是 90° 射频脉冲刚结束时 FID 信号的初始幅值。实验中只要改变脉距 τ，则回波的峰值就相应地改变，若依次增大 τ 测出若干各相应的回波峰值，便得到指数衰减的包

络线。对式（11-31）两边取对数，可以得到直线方程

$$\ln U = \ln U_0 - 2\tau / T_2 \tag{11-32}$$

式中：2τ 作为自变量，则直线斜率的倒数便是 T_2。

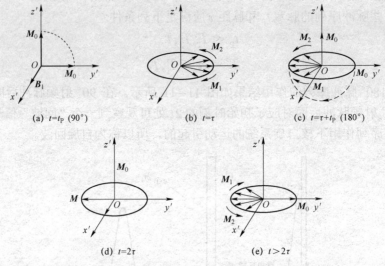

(a) $t=t_P$ (90°)　　(b) $t=\tau$　　(c) $t=\tau+t_P$ (180°)

(d) $t=2\tau$　　(e) $t>2\tau$

图 11-12　90°-τ-180° 自旋回波矢量图解

实验装置

本实验的装置包括：FD-PNMR-I 脉冲核磁共振谱仪、数字示波器、$CuSO_4$、丙三醇、水、机械油。

如图 11-13 所示，FD-PNMR-I 脉冲核磁共振谱仪包括以下几部分。

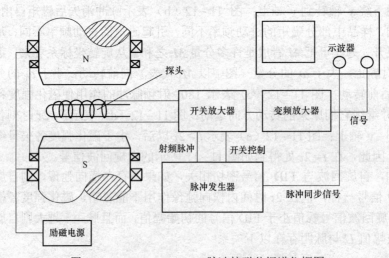

图 11-13　FD-PNMR-I 脉冲核磁共振谱仪框图

（1）脉冲发生器：产生脉冲序列同时调制射频信号得到射频脉冲。当调试时信号过小或调试无太大把握时，为了调节匹配需要，脉冲发生器提供与共振信号频率相同的模拟共振信

号。脉冲发生器面板及所产生的脉冲分别如图 11−14 和图 11−15 所示。

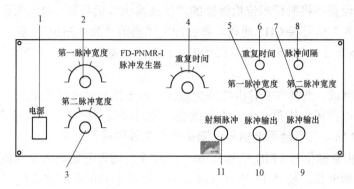

图 11−14 脉冲发生器面板

1—电源开关；2—第一脉冲宽度调节范围；3—第二脉冲宽度调节范围；4—重复时间及脉冲间隔时间调节电位器；
5—第一脉冲时间调节 t_1；6—重复时间调节 τ_1；7—第二脉冲时间调节 t_2；8—脉冲间隔时间调节电位器；
9—脉冲输出（接示波器同步端）；10—脉冲输出（接开关放大器的"开关输入"）；
11—射频输出（主振输出，接开关放大器的"射频脉冲输入"）

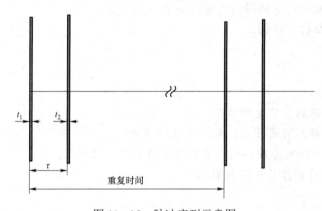

图 11−15 脉冲序列示意图

（2）开关放大器：将大功率射频脉冲加至探头，当脉冲结束后，关闭脉冲通道，打开信号通道，将来自探头的自由衰减信号放大 300 倍。

（3）变频放大器：又称为相位检波器，将 20 MHz 的信号通过混频，使信号频率降低至 100～20 000 Hz 以便于示波器观察计算机记录。变频放大器内具有带通滤波器，同时可以大幅度提高信噪比。

（4）励磁电源：改变磁场强度至共振频率，同时作为"开关放大器"、"变频放大器"及附件的电源。

实验内容与步骤

1. 初步调试

（1）将脉冲发生器的第一、二脉冲宽度拔段开关打至 1 ms 挡；重复时间打至 1 s 挡；脉冲的重复时间电位器及脉冲间隔电位器旋至最大。

（2）射频相位检波器的参数设置：将增益拔段开关打至 5 mV 挡（即最灵敏挡）。

（3）将样品 1 放置于探头中，把探头放置在磁铁正中央位置。

（4）示波器设置：将射频相位检波器的"检波输出"信号接 CH1 通道，将射频相位检波器的"开关输入"信号接 CH2 通道，将脉冲发生器的"脉冲输出"（右）接同步端口（即 EXT 端）；频率放至 2 ms 或 5 ms 挡。同步方式选择"常态"，采用"下降沿"触发，调节"电平"至同步。

（5）通电后调试，当调节 I_0 时由零调至最大，若无信号时可能是电流方向接反，改变匀场线圈电源上的红黑插头位置，电流方向改变，此时再调节便可得到信号。

2. 观察 FID 信号与自旋回波信号，测量横向弛豫时间

（1）观察自由衰减信号（FID 信号）。第一脉冲宽度由零开始调大至某值，通过调节 I_0 调节磁场，观察波形变化，使 FID 信号衰减最慢。设置不同的脉冲宽度使产生不同的倾倒角（如 90°、180° 等），记录第一脉冲脉宽并观察 FID 信号的变化。

（2）在以上调节的基础上，用 90°−τ−180° 脉冲序列的方法获得自旋回波信号，如果自旋回波较小，可以反复调节 I_0 与样品位置至回波最大。

（3）改变脉宽 τ 分别获得回波极大值，依次通过示波器读取回波幅度。

（4）由此计算测量样品的横向弛豫时间 T_2（选做）。

替换样品，重复以上步骤。

1. 实现核磁共振的条件是什么？

2. 倾倒角的物理意义是什么，如何实现倾倒角？

3. 何为 90°−τ−180° 脉冲序列，其用处和意义是什么？

4. 不均匀磁场对 FID 信号有何影响？

第 **12** 部 分

半导体实验

实验　范德堡法测量半导体材料电阻率、霍尔效应

　　置于磁场中的载流体，如果电流方向与磁场垂直，则在垂直于电流和磁场的方向会产生一附加的横向电场，这个现象是霍尔于 1879 年发现的，后被称为霍尔效应。随着半导体物理学的迅速发展，霍尔系数和电导率的测量已成为研究半导体材料的主要方法之一。通过实验测量半导体材料的霍尔系数和电导率可以判断材料的导电类型、载流子浓度、载流子迁移率等主要参数。如今，霍尔效应不但是测定半导体材料电学参数的主要手段，而且随着电子技术的发展，利用该效应制成的霍尔器件，由于结构简单、频率响应宽（高达 10 GHz）、寿命长、可靠性高等优点，已广泛用于非电量测量、自动控制和信息处理等方面。在工业生产要求自动检测和控制的今天，作为敏感元件之一的霍尔器件，将有更广阔的应用前景。

实验目的

　　（1）使用范德堡法测量常温情况下半导体材料电阻率、霍尔效应。
　　（2）测量半导体材料电阻率、载流子迁移率等物理量随温度变化的曲线，讨论半导体材料电阻率、载流子迁移率随温度变化的规律，了解载流子迁移率的本质。

实验原理

1. 范德堡法测电阻

　　范德堡法可以用来测量任意形状的厚度均匀的薄膜样品。在样品侧边制作四个对称的电极，如图 12-1 所示。

　　测量电阻率时，依次在一对相邻的电极通电流，另一对电极之间测电位差，得到电阻 R，代入式（12-3）得到电阻率ρ。

$$R_{\text{AB,CD}} = V_{\text{CD}}/I_{\text{AB}}, \quad R_{\text{BC,DA}} = V_{\text{DA}}/I_{\text{BC}} \qquad (12-1)$$

式中：$V_{\text{CD}} = V_{\text{D}} - V_{\text{C}}$；$I_{\text{AB}}$ 表示电流从 A 端流入，从 B 端流出；$V_{\text{DA}} = V_{\text{A}} - V_{\text{D}}$；$I_{\text{BC}}$ 表示电流从 B 端流入，从 C 端流出。

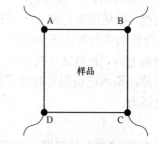

图 12-1　范德堡法测量电阻示意图

$$\rho = \frac{\pi d}{\ln 2} \frac{R_{AB,CD} + R_{BC,DA}}{2} f\left(\frac{R_{AB,CD}}{R_{BC,DA}}\right) \qquad (12-2)$$

$$\exp(-R_{AB,CD}/\lambda) + \exp(-R_{BC,DA}/\lambda) = 1 \qquad (12-3)$$

式（12-2）和式（12-3）中：d 为样品厚度；f 为范德堡因子，是比值 $R_{AB,CD}/R_{BC,DA}$ 的函数；$\lambda = \rho/(\pi d)$。

由范德堡公式（12-3）可知：通过测量 $R_{AB,CD}$ 和 $R_{BC,DA}$ 可以确定材料的电阻率。

范德堡法测电阻的应用条件如下。

（1）材料必须是平面形状，材料厚度均匀，且厚度远小于长和宽。

（2）材料没有孔。

（3）材料必须是均匀的和各向同性的。

（4）探针接触点在材料边缘。

（5）探针接触面积足够小（单个接触点面积比材料面积至少小一个数量级）。

在实际测量中，为了简化测量和计算，常常要求待测薄膜为正方形，这是由于正方形具有很高的对称性，正方形材料的四个顶点从几何上是完全等效的，因而可推知电阻值 $R_{AB,CD}$ 和 $R_{BC,DA}$ 在理论上也应该是相等的。查表可知当 $R_{AB,CD}/R_{BC,DA} = 1$ 时，$f = 1$。因此，最终电阻率的公式即可简化为

$$\rho = \frac{\pi d R_{AB,CD}}{\ln 2} \qquad (12-4)$$

2. 测量半导体材料的霍尔效应

霍尔效应从本质上讲是运动的带电粒子在磁场中受洛伦兹力作用而引起的偏转。当带电粒子（电子或空穴）被约束在固体材料中，这种偏转就导致在垂直电流和磁场的方向上产生正负电荷的聚积，从而形成附加的横向电场，即霍尔电场。对于图 12-2 所示的 N 型半导体试样，若在 X 方向的电极 F、D 上通以电流 I_s，沿 Z 轴正方向加磁场 B，试样中载流子（电子）将受洛伦兹力

$$F_B = evB \qquad (12-5)$$

式中：e 为载流子（电子）电量；v 为载流子在电流方向上的平均定向漂移速率；B 为磁感应强度。载流子可以是正电荷或负电荷，F_B 的方向与载流子的类型有关，在此力的作用下，载流子发生偏移，在 Y 方向，即试样 A、C 电极两侧就开始聚积异号电荷并产生一个电位差 V_H，形成相应的附加电场 E_H——霍尔电场，相应的电压 V_H 称为霍尔电压，A、C 电极称为霍尔电极。电场的指向取决于试样的导电类型。N 型半导体的多数载流子为电子（带负电），P 型半导体的多数载流子为空穴（带正电）。见图 12-2，N 型试样（电子导电）的霍尔电场沿 Y 轴负方向，P 型试样的则沿 Y 轴正方向。

显然，霍尔电场阻止载流子继续向侧面偏移，试样中载流子将受一个与 F_B 方向相反的横向电场力

$$F_E = eE_H \qquad (12-6)$$

式中：E_H 为霍尔电场强度。F_E 随电荷积累增多而增大，当达到稳恒状态时，两个力平衡，即载流子所受的横向电场力 F_E 与洛伦兹力 F_B 相等，样品两侧电荷的积累就达到平衡，故有

$$eE_H = evB \tag{12-7}$$

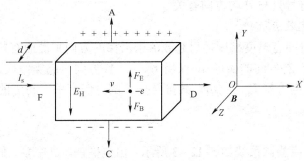

图 12-2　霍尔效应样品

设试样的宽度为 b，厚度为 d，载流子浓度为 n，则电流强度 I_s 与 v 的关系为

$$I_s = nevbd \tag{12-8}$$

$$V_H = E_H b = \frac{1}{ned}\frac{I_s B}{d} = R_H \frac{I_s B}{d} \tag{12-9}$$

即霍尔电压 V_H（A、C 电极之间的电压）与 $I_s B$ 乘积成正比，与试样厚度 d 成反比。比例系数 $\frac{1}{ned}$ 称为霍尔系数，用 R_H 表示，它是反映材料霍尔效应强弱的重要参数。根据霍尔效应制作的器件称为霍尔器件。只要测出 V_H（单位：V）及知道 I_s（单位：A）、B（单位：Gs）和 d（单位：cm）可按式（12-10）计算 R_H（单位：cm³/C）

$$R_H = \frac{V_H d}{I_s B} \times 10^8 \tag{12-10}$$

测量霍尔电势 V_H 时，不可避免地会产生一些副效应，由此而产生的附加电势叠加在霍尔电势上，形成测量系统误差，这些副效应有以下几种。

1）不等位电势 V_0

由于制作时，两个霍尔电势不可能绝对对称地焊在霍尔片两侧，霍尔片电阻率不均匀，控制电流极的端面接触不良，这都可能造成 A、C 两极不处在同一等位面上，此时虽未加磁场，但 A、C 两极间存在电势差 V_0，此称为不等位电势。

2）埃廷斯豪森效应

当元件 X 方向通以工作电流 I_s，Z 方向加磁场 B 时，由于霍尔片内的载流子速度服从统计分布，有快有慢。在到达动态平衡时，在磁场的作用下所有载流子将在洛伦兹力和霍尔电场的共同作用下，沿 Y 轴分别向相反的两侧偏转，这些载流子的动能将转化为热能，使两侧的温升不同，因而造成 Y 方向上的两侧的温差（$T_A - T_C$）。因为霍尔电极和器件两者材料不同，电极和器件之间形成温差电偶，这一温差在 A、C 两极间产生温差电动势 V_E。这一效应称为埃廷斯豪森效应，V_E 的大小与正负符号与 I_s、B 的大小和方向有关，跟 V_H 与 I_s、B 的关系相同，所以不能在测量中消除。

3）能斯特效应

由于控制电流的两个电极与霍尔器件的接触电阻不同，控制电流在两电极处将产生不同的焦耳热，引起两电极间的温差电动势，此电动势又产生温差电流，即热电流 Q，热电流在

磁场作用下将发生偏转，结果在 Y 方向上产生附加的电势差 V_N，且 $V_N \propto QB$，这一效应称为能斯特效应，V_N 的符号只与 B 的方向有关。

4）里吉–勒迪克效应

霍尔器件在 X 方向有温度梯度，引起载流子沿梯度方向扩散而有热电流 Q 通过器件，在此过程中载流子受 Z 方向的磁场 B 作用下，在 Y 方向引起类似埃廷斯豪森效应的温差 $T_A - T_C$，由此产生的电势差 $V_{RL} \propto QB$，其符号与 B 的方向有关，与 I_s 的方向无关。

实验装置

高、低温霍尔效应测试系统如图 12−3 所示，由电磁铁、真空泵、低温真空腔、CH1500 高斯计、CH320 恒流源、F2030 恒流源、TC202 控温仪和计算机组成。

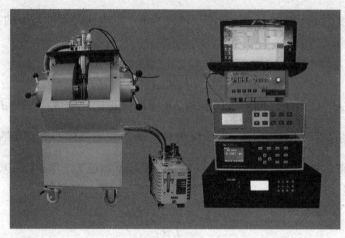

图 12−3　高、低温霍尔效应测试系统

其中，F2030 恒流源给电磁铁提供电流产生磁场；CH1500 高斯计测量线圈产生的均匀磁场值；CH320 恒流源一方面给样品提供电流，用于霍尔效应测试，另一方面可以测量样品电压；被测样品置于低温真空腔中，由低温胶固定，并制作四个测试点；低温真空腔引出四根导线，两根连接 TC202 控温仪进行温度的测量及控制，另一根是低温探头引线，连接到 CH1500 高斯计上，还有一根是霍尔样片连接线，接到 CH320 恒流源上；计算机连接 CH1500 高斯计、TC202 控温仪、CH320 恒流源和 F2030 恒流源，通过软件实现控制通过被测样品的电流和磁场值，并获取测得的电压值。

实验内容与步骤

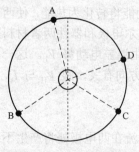

图 12−4　金属圆环样品

1. 测量薄金属 Cu 片的电阻率

（1）测量多组薄金属 Cu 片的 $R_{AB,CD}$，$R_{BC,DA}$，作出 $R_{AB,CD}$−$R_{BC,DA}$ 关系曲线。

（2）将薄金属 Cu 片中间挖一小圆孔，如图 12−4 所示，验证使用范德堡法测量有孔材料电阻率是否正确。

（3）测量金属圆环 $R_{AB,CD}$−$R_{BC,DA}$ 的关系曲线与无孔材料的进行对比，改变孔的半径，确定范德堡法测量有孔材料的范围，对其进行修正。

2. 测量半导体材料的霍尔效应

1）霍尔电压 V_H 的测量

应该说明，在产生霍尔效应的同时，因伴随着多种副效应，以致实验测得的 A、C 两电极之间的电压并不等于真实的 V_H 值，而是包含着各种副效应引起的附加电压，因此必须设法消除。

埃廷斯豪森效应 V_E 方向与 I 和 B 方向有关；

能斯特效应 V_N 方向只与 B 方向有关；

里吉–勒迪克效应 V_{RL} 的方向只与 B 的方向有关；

不等位效应 V_0 的方向只与 I 的方向有关；

负效应的消除：改变 I 和 B 的方向，即对称测量法。

$+B$，　$+I$，测得电压 $V_1 = V_H + V_E + V_N + V_{RL} + V_0$

$+B$，　$-I$，测得电压 $V_2 = -V_H - V_E + V_N + V_{RL} - V_0$

$-B$，　$-I$，测得电压 $V_3 = V_H + V_E - V_N - V_{RL} - V_0$

$-B$，　$+I$，测得电压 $V_4 = -V_H - V_E - V_N - V_{RL} + V_0$

$$V_{AC} = (V_1 - V_2 + V_3 - V_4)/4$$

给 A、C 两电极间通入电流，测量 B、D 两电极间的电势差；给 B、D 两电板间通入电流，测量 A、C 两电极间的电势差，四次霍尔系数的测量结果从理论上来讲也应该是一致的数值，因此依旧可以用以上在电阻率测量中使用的均值法来消除测量误差。

$$V_H = (V_{AC} + V_{BD} + V_{CA} + V_{DB})/4 \tag{12-11}$$

2）霍尔系数 R_H 的计算

由霍尔效应的测试原理可知，只要算出 V_H 及知道 I_s、B 和 d 可按式（12-12）计算 R_H（cm^3/C）

$$R_H = \frac{V_H d}{I_s B} \tag{12-12}$$

由 R_H 的符号（霍尔电压的正、负）可以判断试样的导电类型，方法为：按图 12-2 所示的 I_s 和 B 的方向，若测得的 $V_H = V_{AC} < 0$，则 R_H 为负，样品属 N 型，反之则为 P 型。

3）体载流子浓度 n 的计算

根据 R_H 可进一步求体载流子浓度

$$n = \frac{1}{|R_H| e} \tag{12-13}$$

应该指出，式（12-13）是假定所有的载流子都具有相同的漂移速率得到的，严格一点，考虑载流子的漂移速率服从统计分布规律，需要引入 $3\pi/8$ 的修正因子。但影响不大，本实验中可以忽略此因素。

4）表面载流子浓度 n' 的计算

根据体载流子浓度 n 和霍尔片厚度 d，可以计算出表面载流子浓度 n'

$$n' = nd \tag{12-14}$$

5）电导率 σ 的计算

计算出电阻率 ρ 后，可由式（12–15）求得 σ 为

$$\sigma = 1/\rho \qquad (12-15)$$

6）迁移率 μ 的计算

电导率 σ 与体载流子浓度 n 及迁移率 μ 之间有如下关系

$$\sigma = ne\mu \qquad (12-16)$$

由此可得迁移率 μ 的计算公式为

$$\mu = \sigma/ne = |R_{\mathrm{H}}|\sigma \qquad (12-17)$$

按要求制样，使用高、低温霍尔效应测试系统测量半导体材料的霍尔系数，载流子浓度和迁移率，判断半导体材料的导电类型。

数据处理

（1）将半导体材料室温电学参数测量结果与样品标准数据作对比，计算测量结果的不确定度，分析误差来源。

（2）将半导体材料的电阻–温度、迁移率–温度曲线测试结果用合适的函数拟合，分析不同半导体材料电阻率、迁移率随温度变化的规律及影响因素。

注意事项

（1）范德堡法制样后要进行欧姆接触测试，非欧姆接触样品不可以用于测试。

（2）在进行变温测试前，样品室要抽真空，控温仪异常时要先停止控温，检测样品室真空度。

（3）测试过程中数据出现大范围波动时要检测样品接线处是否断开。

思考题

1. 有孔半导体材料的电阻率是否仍然可以用范德堡法测量？如果不可以该如何修正？

2. Si 材料样品电阻率随温度升高如何变化？电阻–温度曲线是否为单调变化曲线？

附录 A 基本物理常量

量	符号	数　值	单　位	相对标准不确定度 μ_r
真空中光速	c, c_0	299 792 458	$m \cdot s^{-1}$	准确
磁常量	μ_0	$4\pi \times 10^{-7}$	$N \cdot A^{-2}$	准确
电常量	ε_0	$8.854\,817\,871\cdots \times 10^{-12}$	$F \cdot m^{-1}$	准确
万有引力常量	G	$6.673(10) \times 10^{-11}$	$m^3 \cdot kg^{-1} \cdot s^{-1}$	1.5×10^{-3}
普朗克常量	h	$6.626\,068\,76 \times 10^{-34}$	$J \cdot s$	7.8×10^{-8}
约化普朗克常量	$\hbar$	$1.054\,571\,596 \times 10^{-34}$	$J \cdot s$	7.8×10^{-8}
基本电荷	e	$1.602\,176\,462(63) \times 10^{-19}$	C	3.9×10^{-8}
磁通量子 $h/2e$	Φ_0	$2.067\,833\,636(81) \times 10^{-15}$	Wb	3.9×10^{-8}
电导量子 $2e^2/h$	G_0	$7.748\,091\,696(28) \times 10^{-5}$	S	3.7×10^{-9}
电子质量	m_e	$9.109\,381\,88(72) \times 10^{-31}$	kg	7.9×10^{-8}
质子质量	m_p	$1.672\,621\,58(13) \times 10^{-27}$	kg	7.9×10^{-8}
质子-电子质量比	m_p/m_e	$1\,836.152\,667\,5(39)$		2.1×10^{-9}
精细结构常量	α	$7.297\,352\,533(27) \times 10^{-3}$		3.7×10^{-9}
精细结构常量倒数	α^{-1}	$137.035\,999\,76(50)$		3.7×10^{-9}
里德伯常量	R_∞	$10\,973\,731.568\,549(83)$	m^{-1}	7.6×10^{-12}
阿伏伽德罗常量	N_A, L	$6.022\,141\,99(47) \times 10^{23}$	mol^{-1}	7.9×10^{-8}
法拉第常量 $N_A e$	F	$96\,485.341\,5(39)$	$C \cdot mol^{-1}$	4.0×10^{-8}
摩尔气体质量	R	$8.314\,472(15)$	$J \cdot mol^{-1} \cdot K^{-1}$	1.7×10^{-6}
玻尔兹曼常量 R/N_A	k	$1.380\,650\,3(24) \times 10^{-23}$	$J \cdot K^{-1}$	1.7×10^{-6}
玻尔磁子 $e\hbar/2m_e$	μ_B	$9.274\,078 \times 10^{-24}$	$J \cdot T^{-1}$	3.4×10^{-9}
核磁子 $e\hbar/2m_p$	μ_N	$5.050\,824 \times 10^{-27}$	$J \cdot T^{-1}$	3.4×10^{-9}
斯特藩-玻尔兹曼常量 $(\pi^2/60)k4/\hbar^3c^2$	σ	$5.670\,400(40) \times 10^{-8}$	$W \cdot m^{-2} \cdot K^{-4}$	7.0×10^{-6}
可与 SI 单位一起采用的非 SI 单位				
电子伏：(e/C) J	eV	$1.602\,176\,462(63) \times 10^{-19}$	J	3.9×10^{-8}
（统一的）原子质量单位 $1u = m_u = 1/12m(^{12}C)$ $= 10^{-3}kg \cdot mol^{-1}/N_A$	u	$1.660\,538\,73(13) \times 10^{-27}$	kg	7.9×10^{-8}

数据来源：Peter Mohr and Barry N.Tayor，国际科技数据委员会（CODATA）1998 年基本物理常量推荐值。